Dilipkumar Aiswarya
Govindhan Gowthaman
Pachiappan Perumal

Bactérias Simbióticas Isoladas de Nemátodos Entomopatogénicos

Dilipkumar Aiswarya
Govindhan Gowthaman
Pachiappan Perumal

Bactérias Simbióticas Isoladas de Nemátodos Entomopatogénicos

ScienciaScripts

Imprint

Any brand names and product names mentioned in this book are subject to trademark, brand or patent protection and are trademarks or registered trademarks of their respective holders. The use of brand names, product names, common names, trade names, product descriptions etc. even without a particular marking in this work is in no way to be construed to mean that such names may be regarded as unrestricted in respect of trademark and brand protection legislation and could thus be used by anyone.

Cover image: www.ingimage.com

This book is a translation from the original published under ISBN 978-620-2-09371-2.

Publisher:
Sciencia Scripts
is a trademark of
Dodo Books Indian Ocean Ltd. and OmniScriptum S.R.L publishing group

120 High Road, East Finchley, London, N2 9ED, United Kingdom
Str. Armeneasca 28/1, office 1, Chisinau MD-2012, Republic of Moldova, Europe
Printed at: see last page
ISBN: 978-620-8-18348-6

ÍNDICE DE CONTEÚDOS

Introdução

Nas últimas três décadas, tem sido vital para os seres humanos controlar a população de insectos-praga, as doenças das plantas e os insecticidas sintéticos. As restrições à utilização de insecticidas químicos limitaram a disponibilidade de medidas de controlo contra as pragas de insectos. Estas foram reduzidas e amplamente substituídas por agentes de controlo biológico (Dongjin Ji, 2006). Durante as práticas agrícolas, a utilização de pesticidas sintéticos e de fertilizantes químicos diminuiu consideravelmente o desempenho dos microrganismos benéficos. Além disso, a rápida industrialização e modernização conduzem a uma consequência desagradável de descarga de uma quantidade considerável de substâncias tóxicas no ecossistema agrícola. Além disso, os insectos podem ter um grande impacto económico nos cereais armazenados a granel e nos produtos transformados. A disponibilidade, eficácia ou conveniência de pesticidas químicos que visam os insectos nestes locais crípticos está a diminuir devido a alterações na regulamentação governamental (por exemplo, Lei de Proteção da Qualidade Alimentar (FQPA), Protocolo de Montreal), desenvolvimento de resistência e preocupação crescente com os resíduos químicos, a segurança dos trabalhadores e a alteração das exigências dos consumidores, que favorecem a adoção de instrumentos de gestão das pragas mais favoráveis ao ambiente.

O controlo biológico pode ser uma estratégia eficaz para a gestão das pragas em locais inacessíveis, porque alguns inimigos naturais podem procurar ativamente as pragas nestes habitats escondidos ou podem ser aplicados de forma semelhante aos pesticidas químicos. No entanto, a maior parte dos trabalhos anteriores sobre o controlo biológico de pragas centrou-se em situações de grãos a granel. A crescente sensibilização para os riscos ambientais e para a saúde causados pelos pesticidas químicos e a procura de produtos agrícolas biológicos no comércio internacional chamaram a atenção dos cientistas da proteção das plantas para os bioagentes naturais.

Nemátodos entomopatogénicos

Os nemátodos entomopatogénicos (NEP) constituem uma fonte alternativa, segura do ponto de vista ambiental e económico. Os nemátodos entomopatogénicos são vermes redondos de corpo mole e não segmentados que são parasitas obrigatórios ou, por vezes, facultativos de insectos e ocorrem naturalmente em ambientes de solo e localizam o seu hospedeiro em resposta ao dióxido de carbono, vibração e outras pistas químicas (Kaya e Gaugler 1993). Espécies de duas famílias (Heterorhabditidae e Steinernematidae) têm sido eficazmente utilizadas como insecticidas biológicos em programas de gestão de pragas (Grewal et al. 2005). Os nemátodos entomopatogénicos enquadram-se bem nos programas de gestão integrada de pragas ou GIP porque são considerados não tóxicos para os seres humanos, relativamente específicos para a(s) sua(s) praga(s) alvo e podem ser aplicados com equipamento normal de pesticidas (Shapiro-Ilan *et al,* 2006).

Os nemátodos entomopatogénicos são agentes patogénicos letais de insectos que habitam o solo e pertencem ao filo Nematoda, vulgarmente conhecido como vermes. Estes nemátodos são quimiorreceptores e têm a capacidade de se adaptar ao frio ou a temperaturas moderadas a elevadas dos seus locais geográficos de origem (Hazir et al., 2003). O termo entomopatogénico *vem* da palavra grega entomon, que significa inseto, e patogénico, que significa causador de doença. Embora muitos outros nemátodos parasitas causem doenças nas plantas, no gado e nos seres humanos, os NMP transportam bactérias patogénicas e só podem matar insectos nocivos. Infectam muitos tipos diferentes de insectos do solo, incluindo as formas larvares de borboletas, traças, escaravelhos e moscas, bem como grilos e gafanhotos adultos. Os nemátodos entomopatogénicos são agentes de biocontrolo eficazes e seguros para uma série de pragas de insectos do solo (Kaya e Gaugler, 1993).

Os nemátodos entomopatogénicos pertencentes às famílias Steinernematidae e Heterorhabditidae têm um potencial de controlo biológico muito elevado e têm sido utilizados em todo o mundo para a gestão de insectos pragas de várias culturas. Apresentam diferentes estratégias de busca para aumentar a probabilidade de encontrar um hospedeiro. As estratégias de forrageamento utilizadas pelos steinernematideos variam desde uma estratégia de emboscada até ao forrageamento em cruzeiro, com muitos tipos intermédios. Os que se deslocam em cruzeiro procuram ativamente hospedeiros, enquanto os que fazem emboscadas apresentam uma estratégia mais do tipo "sentar e esperar". A adoção de uma estratégia de forrageamento tem implicações noutros aspectos da ecologia, comportamento, fisiologia e anatomia do parasita, influenciando assim a forma como os parasitas interagem com os hospedeiros (Campbell e Lewis, 2002). Os nemátodos entomopatogénicos provaram ser eficazes contra uma grande variedade de insectos em diferentes ambientes. Foram testados em muitos sistemas (por exemplo, pomares, relvados, culturas em linha) e contra pragas urbanas como as baratas.

O interesse pelos nemátodos entomopatogénicos (NEP) como agentes de controlo biológico das pragas de insectos tem aumentado rapidamente porque estes (i) são extraordinariamente letais e matam os insectos-alvo num curto espaço de tempo (24 a 48 horas) (ii) podem encontrar ativamente os seus hospedeiros e podem também reciclar-se no ambiente do solo (iii) são ambientalmente seguros (iv) têm uma vasta gama de hospedeiros (v) são seguros para os organismos não visados (vi) podem ser disponibilizados comercialmente sob a forma de formulações.

Ciclo de vida

O estádio juvenil infecioso (IJ) é o único estádio de vida livre dos nemátodos entomopatogénicos e este estádio ativo do nemátodo pode invadir um inseto. Os juvenis infecciosos (IJ) destes nemátodes são estádios de vida livre que não se alimentam e ocorrem no solo. Podem sobreviver durante longos períodos no solo e podem esperar pela oportunidade de infetar um hospedeiro. Estes JI podem ser utilizados para o controlo de insectos. Os JI localizam o potencial hospedeiro, deslocam-se na sua direção e penetram no corpo do hospedeiro. A fase juvenil penetra no inseto hospedeiro através dos espiráculos, da boca, do ânus ou, em algumas espécies, através das membranas intersegmentares da cutícula, entrando depois no hemocelo (Bedding e Molyneux 1982).

Tanto *Heterorhabditis* como *Steinernema* estão mutualisticamente associados a bactérias dos géneros *Photorhabdus* e *Xenorhabdus,* respetivamente (Ferreira e Malan 2014). A fase juvenil liberta células das suas bactérias simbióticas dos seus intestinos para a hemocele. A bactéria multiplica-se na hemolinfa do inseto e o hospedeiro infetado morre em 24 a 48 horas. Após a morte do hospedeiro, os nemátodos continuam a alimentar-se dos tecidos do hospedeiro, amadurecem e reproduzem-se. Os JI alimentam-se das bactérias, liquefazem os tecidos do hospedeiro e tornam-se adultos. Os nemátodos descendentes desenvolvem-se através de quatro fases juvenis até ao adulto. Dependendo dos recursos disponíveis, podem ocorrer uma ou mais gerações no cadáver do hospedeiro e um grande número de juvenis infecciosos acaba por ser libertado no ambiente para infetar outros hospedeiros e continuar o seu ciclo de vida (Kaya e Gaugler 1993). O ciclo de vida completa-se em poucos dias, e centenas de milhares de novos JIs emergem em busca de novos hospedeiros (Poinar 1979).

Na natureza, as bactérias colonizam o intestino dos juvenis infecciosos do nemátodo que invadem um inseto hospedeiro suscetível (Boemare, 2002). Após a libertação na hemolinfa do inseto pelos juvenis infecciosos, as bactérias multiplicam-se, matando o inseto e convertendo o cadáver numa fonte de alimento adequada ao crescimento e reprodução do nemátodo (Poinar, 1990). Os nemátodos reproduzem-se durante uma a três gerações, dependendo do tamanho do hospedeiro, e emergem como juvenis infecciosos quando os recursos alimentares se esgotam. As bactérias recolonizam os juvenis infecciosos que emergem e persistem, diminuindo o seu metabolismo nos juvenis infecciosos que permanecem, assegurando a sua transmissão a um novo inseto hospedeiro. Esta parceria simbiótica nemátodo-bactéria é extremamente eficaz para matar diversas espécies de insectos e tem sido implementada com sucesso em programas de controlo biológico e de gestão integrada de pragas em todo o mundo (Grewal *et al.,* 2005).

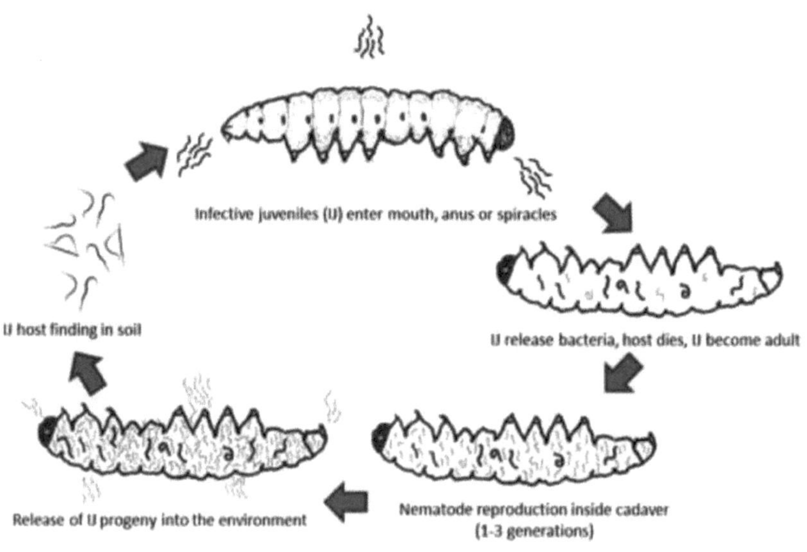

Fig. 1. Ciclo de vida dos nemátodos entomopatogénicos

EPNs e sua importância nos ecossistemas

Os Steinernematids e Heterorhabditids são nemátodos parasitas de insectos e hospedeiros obrigatórios de *Xenorhabdus spp.* e *Photorhabdus spp.* Este complexo nemátodo-bactéria mata rapidamente as pragas de insectos em 24 horas e sobrevive durante mais tempo no solo, mesmo em condições de seca, em comparação com outros micróbios. Não formam uma relação hospedeiro-parasita íntima e altamente adaptada que se pode encontrar na maioria dos outros parasitas utilizados para o controlo biológico e, por conseguinte, podem explorar uma vasta gama de hospedeiros de pragas de insectos. O nemátodo específico da espécie deve ser utilizado contra o inseto-alvo, uma vez que nem todas as espécies de nemátodos são eficazes contra um determinado hospedeiro-alvo (Stock, 2002). Os EPN podem ser facilmente produzidos em massa utilizando a tecnologia de fermentação convencional e estão disponíveis no mercado várias formulações de EPN para o controlo de pragas crípticas.

Bactérias Simbióticas da EPN

Xenorhabdus e *Photorhabdus* são bactérias Gram-negativas móveis que formam uma simbiose mutualista com nemátodos entomopatogénicos das famílias Steinernematidae ou Heterorhabditidae, respetivamente (Forst *et al.,* 1997). Embora ambas as bactérias pertençam à família Enterobacteriaceae, não reduzem o nitrato e fermentam apenas um número limitado de hidratos de carbono. As bactérias são transportadas no intestino de uma forma especializada e de vida livre do nemátodo, denominada juvenil infecioso. No solo, os juvenis infecciosos procuram as larvas de insectos e entram na hemocele das larvas. As bactérias simbióticas são libertadas na hemolinfa, onde proliferam e produzem uma vasta gama de toxinas e exoenzimas hidrolíticas que são responsáveis pela morte e bioconversão da larva do inseto numa sopa de nutrientes ideal para o crescimento e reprodução do nemátodo. Os nemátodos reproduzem-se até que o fornecimento de nutrientes se torne limitante, altura em que se transformam em juvenis infecciosos que são recolonizados pela bactéria simbiótica. Este notável ciclo reprodutivo co-dependente é o resultado de uma interação altamente evoluída entre a bactéria e o nemátodo.

Um aspeto interessante tanto do *Photorhabdus* como do *Xenorhabdus* é a formação de células variantes fenotípicas que surgem com baixa frequência durante a incubação prolongada. As células variantes, referidas como células de fase II ou secundárias, são alteradas em numerosas propriedades normalmente encontradas na chamada fase I ou forma primária das bactérias isoladas do nemátodo.

O ciclo de vida único de *Photorhabdus* e *Xenorhabdus* envolve a formação de uma simbiose mutualista com um hospedeiro, o nemátodo, e um vigoroso ataque patogénico contra um hospedeiro distinto, o inseto. As bactérias beneficiam desta interação ao serem protegidas do ambiente competitivo do solo e ao serem transportadas para a hemolinfa rica em nutrientes de um inseto. Por sua vez, o nemátodo tira partido do potencial patogénico das bactérias para ajudar a matar o inseto hospedeiro. As bactérias também fornecem a base de nutrientes para o crescimento e desenvolvimento do nemátodo e suprimem a contaminação do cadáver do inseto por microrganismos do solo. Estudos recentes em *Xenorhabdus* e *Photorhabdus* permitiram-nos identificar sistemas genéticos que desempenham papéis importantes na associação entre o nemátodo e a bactéria. As investigações sobre as moléculas bioactivas dos metabolitos bacterianos indicaram a presença de propriedades antibióticas, antifúngicas, antiamoébicas, nematicidas, acaricidas, insecticidas e mesmo anticancerígenas e antiulcerosas. Algumas das moléculas bioactivas isoladas da EPN são eficazes contra bactérias resistentes aos medicamentos e também contra várias linhas de células cancerígenas em concentrações muito baixas, sem serem tóxicas para as células saudáveis (Webster *et al.*, 2003).

No presente estudo, as bactérias simbióticas foram isoladas, identificadas e caracterizadas com base nas caraterísticas biológicas e de associação. Os extractos brutos das espécies bacterianas foram obtidos em condições convencionais. As fracções brutas obtidas em diferentes intervalos de tempo foram analisadas quanto à atividade antimicrobiana e larvicida. Outros compostos foram isolados da fração ativa utilizando cromatografia em camada fina (TLC), cromatografia líquida de alta pressão (HPLC) e avaliados quanto aos efeitos antimicrobianos. A presente investigação incide sobre as bactérias associadas aos nemátodos.

Capítulo 1

Revisão da literatura

Os produtos naturais derivados de organismos vivos apresentam uma enorme diversidade química e oferecem um grande potencial para encontrar novas classes de compostos com modos de ação inovadores (Porter e Fox, 1993; Hewitt, 1998). Foram descobertos muitos compostos bioactivos de origem natural, mas muitas vezes não são adequados para serem desenvolvidos como fungicidas devido à sua instabilidade ambiental e/ou fitotoxicidade. A exploração de nemátodos entomopatogénicos durante o início da década de 1980, tem havido uma onda de investigação, que se encontra amplamente distribuída por todo o mundo, e porque são seguros para os seres humanos e outros organismos não visados (Akhurst e Smith, 2002). Mahar *et al.* (2005), estudaram a bactéria *Xenorhabdus nematophila* e a sua secreção contra as larvas *de Galleria mellonella* e Park *et al.* (2004), salientaram que a bactéria *X. nematophila* inibe a fosfolipase A2 hemocítica (PLA2) em vermes do tabaco *Manduca sexta*. As bactérias simbióticas são distribuídas de forma ubíqua e compreendem as famílias Heterorhabditidae (Poinar, 1976) e Steinernematidae. Lengyel *et al.* (2005) determinaram a filiação taxonómica de quatro novas espécies de *Xenorhabdus* isoladas de hospedeiros de *Steinernema* de diferentes países. Foram realizados trabalhos exaustivos para selecionar os melhores isolados de bactérias simbióticas, testar o espetro de inibição utilizando filtrado de fermentação para alguns fitopatógenos importantes dos géneros de Phytophthora, que eram mais susceptíveis ao filtrado de fermentação do que as espécies bacterianas. Como as espécies *Xenorhabdus* e *Photorhabdus* produzem metabolitos secundários que têm atividade antibiótica contra vários microrganismos (Webster *et al,* 2002), o conceito de utilizar um ou mais destes metabolitos para controlar a bactéria do míldio do fogo parece viável. Assim, um metabolito antibiótico de um isolado *de Xenorhabdus* (Fodor *et al,* 2003 e Mathe *et al.,* 2003) mostrou resultados promissores contra a bactéria do míldio do fogo em testes de estufa e de campo. Foi comunicada a atividade antimicótica de *Xenorhabdus* composta por exo- e endo quitinases, bem como por outros compostos proteicos e algumas pequenas moléculas (Isaacson e Webster, 2002). A atividade inibitória dos subprodutos de 38 estirpes de *Xenorhabdus* foi testada contra os fungos patogénicos do arroz, *Rhizoctonia solani* Kuhn e *Pyricularia grisea* Sacc. (Xin *et al.*, 2004). Os metabolitos orgânicos solúveis produzidos pela primeira fase de *Xenorhabdus* spp. foram testados quanto à sua atividade antimicótica contra fungos patogénicos de plantas selecionados e quanto à sua fitotoxicidade, os metabolitos inibiram parcialmente *Pythium ultimum* contra *Phytophthora infestans* em plantas de batata (Webster, 1997). A antibiose dos metabolitos *de X. nematophilus* contra *P. infestans* foi investigada, utilizando placas de ágar, plantas de batata destacadas e ensaios em vasos (Yang-Xiu Fen *et al*, 2001). Para além dos benefícios do controlo biológico, as bactérias simbióticas descobriram que as bactérias associadas produzem antibióticos e toxinas. Estas propriedades das bactérias suscitaram um maior interesse na utilização do complexo nemátodo/bactéria para controlar várias doenças das plantas e insectos-praga (Boemare, 2002).

Foram iniciados mais estudos básicos sobre nemátodos, tais como a caraterização ecológica de *S. thermophilum*, que incluiu a sua gama de hospedeiros, requisitos de temperatura e humidade óptimos e comportamento de forrageamento (Ganguly e Singh, 2001). Grande parte da investigação efectuada na Índia foi analisada por Rahman *et al.*(2000).

Richardson et al. (1988) demonstraram que a bactéria entomopatogénica P. luminescens produz um pigmento vermelho e um antibiótico nas carcaças de insectos em que cresce e em culturas axénicas. O pigmento foi purificado e identificado como o derivado de antraquinona 1, 6-dihidroxi-4-metoxi-9, 10-antraquinona, que apresenta uma mudança de cor sensível ao pH, ou seja, é amarelo abaixo de pH 9 e vermelho acima de pH 9. O antibiótico também foi purificado e identificado como o derivado hidroxistilbenzeno, 3, 5-dihidroxi-4-isopropilstilbeno.

Rao e Manjunath (1966) sugeriram que a estirpe DD-136 de *S. carpocapsae* poderia ser útil no controlo de insectos pragas do arroz, cana-de-açúcar e maçã. Embora a investigação sobre a eficácia destes nemátodos tenha sido realizada na Índia desde meados da década de 1960, os programas de investigação sobre outros aspectos dos nemátodos entomófilos só começaram a sério em 1998 no Instituto de Investigação Agrícola da Índia, em Nova Deli. A investigação inicial com nemátodos entomófilos na Índia foi realizada principalmente com espécies/estirpes exóticas de *S. carpocapsae, S. glaseri, S. feltiae* e *H. bacteriophora* importadas por investigadores. A procura de espécies/estirpes indígenas resultou numa série de isolados de nemátodos de diferentes partes da Índia (Ganguly, 2003). Sivaramakrishnan & Murugan, (2002), provaram que os produtos de neem no nemátodo aumentam a persistência e a virulência em *Galleria mellonella*. Hussaini *et al.* (2005) verificaram a influência de diferentes regimes de temperatura na infecciosidade e reprodução de alguns isolados indígenas de *Steinernema* spp. e *Heterorhabditis indica*, utilizando *A. ipsilon* e *G. mellonella* (Linnaeus) como insectos hospedeiros.

Os estudos sobre bactérias entomopatogénicas e os seus metabolitos foram avaliados apenas numa abordagem limitada. Ganguly (2006) relatou a análise molecular do ADN ribossómico 16S desta bactéria. Tanto *Xenorhabdus* como *Photorhabdus* produzem um grande número de antibióticos diversos de largo espetro (Chattopadhyay, 2004), enormes quantidades de proteínas cristalinas e pigmentos que se acumulam frequentemente no meio de crescimento como metabolitos secundários. Na Índia, a maior parte dos primeiros trabalhos centrou-se no controlo biológico de potenciais pragas de insectos. Somvanshi *et al.* (2006) estudaram a caraterização genómica, filogenética e fenotípica de novas espécies de *Xenorhabdus* associadas simbioticamente a nemátodos entomófilos. São necessárias abordagens adequadas para utilizar esta secreção bacteriana. Os EPN encontram-se em diversas condições ecológicas, incluindo campos cultivados, florestas, pradarias, desertos e praias dos oceanos (Hominick *et al.,* 1996). As EPN têm um grande potencial como agentes de controlo biológico contra insectos nocivos (Ehlers, 2005).

O complexo nemátodo-bactéria tem sido desenvolvido comercialmente como agente de controlo biológico de insectos pragas (Ehlers 1996). A produção de metabolitos secundários com propriedades antibióticas é uma caraterística comum às bactérias entomopatogénicas, *Xenorhabdus* e

Photorhabdus. Mais de 30 metabolitos secundários bioactivos, pertencentes a diversas classes químicas, foram registados em culturas de *Xenorhabdus* e *Photorhabdus*. Estes incluem hidroxistilbenos e indóis (Paul et al. 1981), xenorhabdinas (McInerney et al. 1991a), xenocoumacinas (McInerney et al. 1991b), xenorxidos (Li et al. 1998), nematofina (Li et al. 1997) e benzilacetona (Ji et al. 2004). Estes metabolitos não só têm estruturas químicas diversas, como também possuem uma vasta gama de bioactividades de interesse medicinal e agrícola, tais como antibiótico, antimicótico, inseticida, nematicida, antiulceroso, antineoplásico e antiviral (Websteretal, 2002).

Kumar *et al.* (2012) relataram que o filtrado de cultura sem células de uma bactéria associada a um EPN, *Rhabditis* sp., exibiu uma forte atividade antimicrobiana. O extrato de acetato de etilo do filtrado da cultura bacteriana foi purificado por cromatografia em coluna de gel de sílica para obter três dicetopiperazinas (DKPs). A estrutura e a estereoquímica absoluta deste composto foram determinadas com base em extensas análises espectroscópicas (FABMS, 1H NMR, 13C NMR, 1H-1H COSY, 1H-13C HMBC) e no método de Marfey. Os compostos foram identificados como ciclo (L-Pro-L-Leu), ciclo (D-Pro-L-Leu) e ciclo (D-Pro-L-Tyr), respetivamente. Três DKPs foram activos contra os cinco fungos testados *(Aspergillus flavus, Candida albicans, Fusarium oxysporum, Rhizoctonia solani e Penicillium expansum)* e são mais eficazes do que o fungicida padrão bavistina.

Jiro *et al.* (1982) avaliaram os compostos bioactivos isolados da bactéria entomopatogénica *Bacillus pumilus* BN-I 03, que produziu um novo complexo antibiótico denominado amicoumacina. O antibiótico foi isolado do caldo de cultura por resina de permuta iónica e cromatografias de carbono. A amicoumacina A era um componente principal da mistura e exibia não só atividade antibacteriana, mas também actividades anti-inflamatórias e antiulcerosas.

Kaiji *et al.* (1997) identificaram o 3,5-Dihidroxi-4-isopropilstilbeno (ST), um antibiótico produzido pela bactéria simbionte *P. luminescens* dos nemátodos do género *Heterorhabditis*, que foi determinado quantitativamente em insectos infectados com bactérias de nemátodos utilizando HPLC ou TLC para a separação e UV para a quantificação. Foram obtidos resultados comparáveis e reprodutíveis com os métodos HPLC-UV e TLC-UV. Foram investigados vários factores, incluindo solventes para a extração do antibiótico dos insectos infectados, eluentes para o desenvolvimento da TLC e programas para o funcionamento da HPLC. Dos quatro solventes utilizados, nomeadamente acetona, metanol, acetato de etilo e éter dietílico, a acetona teve a maior eficácia de extração e a taxa de recuperação de ST foi de cerca de 95%. A ST pode ser facilmente separada de todos os outros metabolitos bacterianos numa placa de TLC utilizando uma mistura de clorofórmio-metanol (98,5:1,5) ou por HPLC utilizando acetonitrilo e água como fase móvel.

Boszormenyi *et al.* (2009) listaram antibióticos de largo espetro produzidos por bactérias simbióticas [bactéria entomopatogénica (BEP)] de nemátodos entomopatogénicos em condições monoxénicas em cadáveres de insectos no solo. Este estudo avaliou os antibióticos produzidos pela EPB quanto ao seu potencial para controlar bactérias e oomicetas patogénicos para as plantas. A bactéria entomopatogénica produz antibióticos eficazes contra a bactéria *Erwinia amylovora*, incluindo estirpes resistentes à estreptomicina, e foi tão eficaz em experiências com fitotrões como a casugamicina ou a estreptomicina. Os antibióticos *Xenorhabdus budapestensis* e *X. szentirmaii* inibiram a formação de colónias e o crescimento micelial de *Phytophthora nicotianae*. A partir de *X. budapestensis,* uma fração rica em arginina (bicornutina) foi adsorvida por Amberlite XAD 1180 e eluída com metanol: 1 n HCI (99:1). A bicornutina inactivou os zoósporos e inibiu a germinação e a formação de colónias de cistosporos a <25 ppm. Uma molécula ativa à luz UV (bicornutina-A, MW = 826), separada por HPLC e cromatografia em camada fina, foi identificada como um novo hexa-peptídeo.

Hu *et al.* (1998) relataram, a partir de *P. luminescens* C9 quando é introduzido por *Heterorhabditis megidis* 90 em larvas *de Galleria mellonella*. No caldo de cultura de *Photorhabdus luminescens* C9, foram isolados três pigmentos, 1, 8-dihidroxi-3-metoxi-9, 10-antraquinona **2**, 1-hidroxi-2, 6, 8-trimetoxi-9, 10-antraquinona 6 e 1, 4-dihidroxi-2, 5-dimetoxi-9, 10-antraquinona **7,** a partir dos extractos orgânicos de larvas de *G. mellonella* infectadas pelo complexo nemátodo-bactéria. Também identificaram os metabolitos secundários, 3, 5- dihidroxi-4-isopropilstilbeno (ST) e indol, a partir do filtrado de cultura de *P. luminescens* MD, que demonstraram ter propriedades nematicidas e o ST causou quase 100% de mortalidade de J4 e adultos de *Aphelenchoides rhytium, Bursaphelenchus* spp. e *Caenorhabditis elegans* a 100 /g/ml, mas não teve qualquer efeito sobre J2 de *Meloidogyne incognita* ou juvenis infecciosos (IJ) de *Heterorhabditis megidis* a 200 /g/ml. O indole foi letal para várias espécies de nemátodos a 300 /g/ml, e causou uma elevada percentagem de *Bursaphelenchus* spp. (J4 e adultos), *M. incognita* (J2) e *Heterorhabditis* spp.

Kumar *et al.* (2012) propuseram que um novo nemátodo entomopatogénico (EPN), Rhabditis (Oscheius) sp. exibisse uma forte atividade antimicrobiana. O extrato de acetato de etilo do filtrado da cultura bacteriana foi purificado por cromatografia em coluna e foram isolados dois compostos bioactivos, tendo as suas estruturas químicas sido estabelecidas com base na análise espetral. Os compostos foram identificados como 3, 4, 5-tri-hidroxiestilbeno e 3, 5-di-hidroxi-4-isopropilestilbeno. A presença de 3, 4, 5-tri-hidroxiestilbeno (resveratrol) é registada pela primeira vez em bactérias. O composto 1 mostrou atividade antibacteriana contra todas as quatro bactérias testadas, enquanto o composto 2 foi eficaz apenas contra as bactérias Gram-positivas. Os compostos 1 e 2 foram activos contra todos os cinco fungos testados e são mais eficazes do que a bavistina, o fungicida padrão. A atividade antifúngica dos compostos contra os fungos patogénicos das plantas, *Rhizoctonia solani*, é relatada pela primeira vez.

Li *et al.* (1997) identificaram um novo antibiótico, a nematofina, que foi isolado da estirpe BC1 de *X. nematophilus* e detectado em todas as estirpes de *X. nematophilus* estudadas. A sua estrutura foi totalmente estabelecida como 3-indoletil (3'-metil-2'-oxo) pentanamida através de um extenso estudo espetroscópico. A produção de nematofina é afetada pelo tipo de estirpe e pelas condições de cultura. O composto mostra uma forte bioatividade in vitro contra uma série de espécies de fungos e bactérias.

Lace *et al.* (1992) referiram que dois novos compostos antibióticos, denominados xenocoumacinas 1 e xencoumacinas 2, com uma potente atividade antiulcerosa, foram isolados de culturas de *Xenorhabdus* spp. Ambos os compostos apresentam uma atividade antibacteriana e uma potente atividade antiulcerosa. Além disso, a xencoumacina 2 tem atividade antifúngica. As suas estruturas químicas foram determinadas por estudos extensivos de 'H-nmr, 13C-nmr e espetro de massa como sendo derivados de 3, 4 dihidro-8-hidroxi-LH-2-benzopiran-1-ona.

Sundar *et al.* (1992) identificaram o 3, 5-dihidroxi-4-etil-tans-estilbeno (ES), um antibiótico produzido por *Xenorhabdus luminescens* simbioticamente associado a um nemátodo entomopatogénico. O ES era ativo contra bactérias gram-positivas e várias bactérias gram-negativas. Em bactérias susceptíveis, este antibiótico causou a inibição da síntese total de ARN e, em menor grau, da síntese de proteínas. Em concentrações iguais ou superiores a CIM, o ES provocou uma acumulação substancial de um composto regulador intracelular, a guanosina-3', 5'-bis-pirofosfato.

Park *et al.* (2009) estudaram que a xenocoumacina 1 (*Xcn1*) e a xenocoumacina 2 (*Xcn2*) são os principais compostos antimicrobianos produzidos por *Xenorhabdus nematophila* e identificaram o papel de *Xcn e Xcn2* no ciclo de vida de *X. nematophila* e o grupo de 14 genes *(xcnA-N)* necessário para a sua síntese. A análise por RT-PCR de sobreposição identificou seis transcrições principais *de xcn*. A inativação individual dos genes da sintetase de péptidos não ribossómicos, *xcnA* e *xcnK*, e dos genes da sintetase de policetídeos, *xcnF*, *xcnH* e *xcnL*, eliminou a produção de *Xcnl*. Os níveis de *Xcnl* e a expressão de *xcnA-L* foram aumentados numa estirpe *ompR*, enquanto os níveis de *Xcn2* e a expressão *de xcnMN* foram reduzidos. A produção de *Xcnl* também aumentou numa estirpe sem acetilfosfato que pode doar grupos fosfato à *ompR*. Em conjunto, estes resultados sugerem que *o fosfato de ompR* regula negativamente a expressão do gene *xcnA-L* enquanto regula positivamente a expressão *de xcnMN*. A análise por HPLC-MS revelou que *o Xcnl* foi produzido primeiro e foi subsequentemente convertido em *Xcn2*. A inativação de *xcnM* e *xcnN* eliminou a conversão de *Xcnl* em *xcn2*, resultando numa produção elevada de *Xcnl*. A viabilidade da estirpe *xcnM* foi reduzida 20 vezes em relação à estirpe de tipo selvagem, apoiando a ideia de que a conversão de *Xcnl* em *Xcn2* constitui um mecanismo para evitar a auto-toxicidade. Curiosamente, a inativação de *ompR* aumentou a viabilidade celular durante uma cultura prolongada. Por conseguinte, são necessários mais estudos sobre as propriedades antibióticas da microflora associada a nemátodos.

Capítulo 2

Objectivos do estudo

O objetivo geral do presente estudo é caraterizar os compostos produzidos pelas bactérias simbióticas isoladas de nemátodos entomopatogénicos. Esta tecnologia ofereceria uma alternativa benigna aos pesticidas químicos que estão atualmente ameaçados de serem eliminados ou em que as pragas desenvolveram resistência.

Os objectivos específicos são:

> Isolamento e identificação das bactérias simbióticas de estirpes de nemátodos entomopatogénicos.

> Isolamento e avaliação dos metabolitos de bactérias simbióticas recuperadas.

> Caracterizar os metabolitos através de análises TLC, HPLC e FT-IR.

> Avaliar a atividade antimicrobiana dos compostos brutos utilizando micróbios infecciosos.

A tese é composta por 7 capítulos. No capítulo - 1 é apresentada uma introdução. O capítulo - 2 faz um levantamento exaustivo da literatura e o âmbito do estudo é apresentado no capítulo - 3. Os materiais e métodos são descritos no capítulo - 4 e os resultados são apresentados no capítulo - 5. No capítulo - 6, é apresentada uma discussão crítica e o resumo é fornecido no capítulo - 7 e, finalmente, é fornecida a lista de referências.

Cultura de insectos

As larvas da traça-da-cera *Galleria mellonella* foram utilizadas nas experiências. Os ovos foram obtidos no Department of Biotechnology, Bharathidasan University, Tiruchirappalli e foram mantidos em caixas de plástico de criação com dieta artificial e os insectos foram mantidos em recipientes de plástico arejados (22,5 x 17 x 10 cm) a 25±2° C. A dieta foi fornecida em bandejas de plástico para 10.000 larvas em cada experiência com ingredientes de farinha de trigo 200 g, farelo de trigo 200 g, leite em pó 200 g, levedura 100 g, mel 150 ml e glicerina 150 ml e o inseto coberto com um pano de musselina antes e depois da utilização. Cerca de 200-300 ovos de *G. mellonella* foram colocados num pedaço de dieta artificial em recipientes cilíndricos de plástico (11 cm de altura x 6 cm) e mantidos a 72-75% de humidade relativa para evitar a contaminação por fungos. Os ovos eclodiram em 3-4 dias e as larvas receberam uma nova dieta e, após 4-5 semanas, as larvas de instar tardio foram recolhidas e utilizadas para o estudo de bioensaio. Além disso, a criação em massa de 10 a 20 larvas de insectos foi deixada a pupas na caixa concebida e as traças adultas emergidas foram encorajadas a acasalar e a ovipositar no papel revestido de cera. Para os estudos de bioensaios, as larvas de instar tardio foram recolhidas e enxaguadas primeiro durante 20 segundos em água a 60° C e depois durante 10 segundos em água fria da torneira para travar a produção de seda e a formação de casulos.

Isolamento de nemátodos (método da armadilha *Galleria*)

Uma cultura estabelecida de *Steinernema siamkayai* e *Heterorhabditis indica* foi obtida do Departamento de Biotecnologia, Universidade de Periyar, Índia, e mantida em larvas da traça-da-cera *Galleria mellonella*. As larvas dos insectos foram infectadas com espécies individuais de nemátodos. Após três dias, as larvas mortas foram recolhidas e transferidas para uma armadilha branca (White, 1927) para confirmar a infeção e recolher os juvenis infecciosos (IJs). A armadilha branca consistia num recipiente de plástico (9 cm de altura x 8 cm) com uma placa de Petri invertida de 5 cm de diâmetro colocada no fundo do recipiente. Em cima da placa de Petri, foi colocado papel de filtro Whatmann (n.º 1) de 90 mm de diâmetro, com os bordos em contacto com a água. Adicionou-se água suficiente ao papel de filtro para o humedecer completamente. As larvas mortas foram mantidas em cima do papel de filtro. Ao fim de 10-15 dias, as JI emergiram do cadáver e instalaram-se na água. Após 10 dias, as JIs recolhidas foram verificadas quanto à sua patogenicidade contra as larvas *de Galleria* (Pelezer e Reid, 1972).

Produção e armazenamento em massa de nemátodos

Para a produção em massa de EPN, os JI emergidos foram recolhidos e libertados para um copo de 25 ml, deixando-se depois assentar durante cerca de trinta minutos, descartando-se os detritos que continham o sobrenadante e depositando-se os nemátodos no fundo do copo. Adicionou-se frequentemente água destilada três a quatro vezes ao copo que continha os JIs, até a suspensão parecer límpida, depois os JIs foram armazenados a uma concentração de aproximadamente 500 - 1000 por ml em água destilada com 0,1% de formalina em frascos de cultura de tecidos, foram armazenados a 19 -20° C em incubadora B.O.D, para evitar a falta de oxigénio e a mortalidade dos JIs. Os nemátodos foram rotineiramente cultivados em larvas *de G. mellonella* (Woodring e Kaya, 1988).

Isolamento e identificação de bactérias simbióticas

Os simbiontes bacterianos para cada espécie de nemátodo foram isolados de larvas infectadas de *G. mellonella* e colocados na parte superior do papel de filtro em placas de Petri de 33 mm. Os nemátodos individuais foram então pipetados para a superfície do papel de filtro numa dose de 400 por placa de Petri. As placas foram seladas com película aderente e depois incubadas. Após 24 horas, as larvas foram retiradas, lavadas com água destilada esterilizada e depois esterilizadas com etanol a 70 % e deixadas a secar numa estufa de fluxo de ar laminar. A hemolinfa foi obtida cuidadosamente através de uma dissecção dorsal entre os segmentos intersticiais 5th e 6th . A hemolinfa foi recolhida com uma ansa estéril e semeada em placas NBTA. As colónias bacterianas foram cultivadas durante 48 horas a 28° C. As colónias individuais que apresentavam diferenças morfológicas (cor, forma e tamanho) foram removidas com uma agulha estéril e transferidas para placas NBTA novas. As variantes de forma das bactérias simbióticas identificadas como *Xenorhabdus* ou *Photorhabdus* foram determinadas utilizando a absorção de azul de bromotimol das placas de ágar NBTA como um indicador da forma primária. Foram examinados os caracteres fisiológicos das bactérias simbióticas. Para distinguir as formas primárias e secundárias das bactérias simbióticas, foi efectuado o teste NBTA baseado na absorção de azul de bromotimol (Akhurst, 1983). As colónias azuis (absorção de corantes) ou verdes foram selecionadas e analisadas quanto às principais caraterísticas genotípicas.

Extração do composto bruto

A extração de metabolitos foi realizada a partir das bactérias simbióticas *X. stockiae* e *P. luminescens* que foram isoladas dos seus simbiontes nemátodos *S. siamkayai* e *H. indica*, respetivamente. As colónias bacterianas foram estabelecidas em placas de ágar NBTA. *Photorhabdus* spp. e *Xenorhabdus* spp. ocorrem como variantes de duas fases (primária e secundária), mas na maior parte das vezes é apenas a fase primária que produz antibióticos (Akhurst, 1982; Forst e Clarke, 2002). Assim, era do nosso interesse manter as bactérias na forma primária. Os metabolitos orgânicos solúveis foram então extraídos das culturas bacterianas seguindo os procedimentos descritos por Ng e Webster (1997) e Shapiro-Ilan *et al.* (2009b). Resumidamente, as culturas bacterianas foram aumentadas para o isolamento de metabolitos através de cultura líquida em TSY (Tryptic Soy Broth + 0,5 % de extrato de levedura). Adicionou-se um punhado de bactérias a 50 ml de TSY fresco num frasco Erlenmeyer de 300 ml e colocou-se num agitador de incubadora rotativo a 25° C e 130 rpm durante 18 - 24 h. Quando a densidade ótica da cultura a 600 nm foi de aproximadamente 1,7, as culturas bacterianas foram então transferidas para 900 ml de TSY em frascos de 2 litros e colocadas num agitador rotativo a 25° C durante 96 h. As células e o caldo foram então centrifugados a 10 000 rpm durante 20 minutos.

A fermentação foi efectuada durante 4 dias, durante os quais foram retiradas amostras (100 ml) a intervalos regulares (24 horas, 48 horas, 72 horas e 96 horas). Os meios de cultura foram então centrifugados (10.000 x g, 20 min, **4°C**) seguidos de filtração através de filtros de 0,45 pm mícron para obter filtrado de cultura sem células.

Separação de filtrados de culturas sem células em fracções aquosas e orgânicas

O filtrado da cultura de TSB foi separado em fracções aquosas e orgânicas. Para tal, o filtrado foi neutralizado com ácido clorídrico concentrado e extraído com igual volume de acetato de etilo e hexano por três vezes. As camadas de acetato de etilo e de hexano foram utilizadas para separar a fração orgânica combinada, seca sobre sulfato de sódio anidro e concentrada utilizando um evaporador instantâneo rotativo a 30°C. O resíduo seco foi pesado e reconstituído em 6 ml de metanol e armazenado a -20°C para estudos posteriores.

Isolamento de compostos

Cromatografia de camada fina

A cromatografia em camada fina (TLC) foi efectuada numa placa de sílica-gel (TLC Aluminium Sheets Silica Gel 60 F254, 0,2 mm, 20x20 cm, SDFCL), cortada com uma tesoura comum. As marcações na placa foram efectuadas com um lápis macio. Uma alíquota de KPR 4 EtAc e KPR 8 EtAc foi colocada na placa de gel de sílica utilizando um tubo capilar de vidro. Em seguida, as placas foram deixadas a secar ao ar durante 2 minutos. O sistema solvente (fase móvel) de hexano: acetato de etilo (9:1, 8:2, 7:3 v/v) e clorofórmio: metanol (6:4) foi preparado e vertido numa câmara de TLC. As placas de sílica secas ao ar foram introduzidas na câmara TLC e fechadas com uma tampa para evitar a evaporação do solvente. Toda a instalação foi mantida sem perturbações até a fase móvel desenvolver o cromatograma. As placas foram colocadas no sistema de solventes acima referido e secas ao ar. As manchas foram visualizadas por pulverização das placas com solução de pulverização. O movimento da substância a analisar foi expresso pelo seu fator de retenção (Rf). Foram observadas diferentes bandas e o valor Rf correspondente foi calculado como (Lim et al., 2002).

R _ Distância percorrida pelo soluto
f Distância percorrida pela frente do solvente

Preparação do reagente de pulverização

Pulverização: A solução de permanganato de potássio ($KMnO_4$) a 1% foi preparada com água destilada e misturada num recipiente esterilizado.

Caracterização do ETAC KPR 4 & KPR 8 e das suas fracções

Cromatografia líquida de alta eficiência (HPLC)

A cromatografia líquida de alta eficiência é uma técnica cromatográfica que pode separar uma mistura de compostos e é utilizada em bioquímica e química analítica para identificar, quantificar e purificar os componentes individuais da mistura. A HPLC utiliza normalmente diferentes tipos de fases estacionárias, uma bomba que move a(s) fase(s) móvel(is) e a substância a analisar através da coluna e um detetor que fornece um tempo de retenção caraterístico para a substância a analisar. O detetor pode também fornecer outras informações caraterísticas.

A análise por HPLC do KPR 4 ETAC, do KPR 8 ETAC e da sua fração (HPfl) foi realizada utilizando a metodologia de Anjum et al., (2011). Cerca de 1 mg de amostra concentrada foi dissolvido em 1 ml de metanol e 20 pl foram injectados para determinar os fitoconstituintes.

Preparação da fase móvel e da amostra

Extrato polar

Do extrato de metanol: água (50:50), exatamente 1 mg/ml de amostra foi completamente dissolvido em 1 ml de metanol para a preparação de uma solução de 1 mg/ml. A experiência foi realizada no Shimadzu LC solution 20 AD, Japão, e no SPD 20 A, um instrumento equipado com um detetor de UV Shimadzu LC solution No: 20 AD, a fim de determinar a pureza do pico. A coluna LCGC C18 foi utilizada para a resolução isocrática utilizando a fase móvel a um caudal de 1,0 ml/min. A distância máxima (80 mm de distância numa placa típica de 20x10 cm). Utilizando o detetor Shimadzu LC solution No. 20 AD, a placa revelada foi seca com um secador de placas e submetida a análise UV. Todas as pistas da placa foram analisadas com um comprimento de onda definido pelo utilizador (254 nm) e foram obtidos os valores RT individuais dos picos.

Espectrofotómetro de infravermelhos com transformador de Fourier (FT-IR)

A espetroscopia de infravermelhos por transformada de Fourier é uma técnica utilizada para obter um espetro de infravermelhos de absorção, emissão, fotocondutividade ou dispersão Raman de um sólido, líquido ou gás (Griffiths et al., 2007). O espetrofotómetro FT-IR modelo ART (Attenuated

Total Reflectance) (Bruker, Estados Unidos) foi utilizado para a análise do KPR 4 ETAC & KPR 8 ETAC. Cinco miligramas da amostra (extrato bruto) foram misturados com 100 mg de KBr (grau FT-IR) e depois comprimidos, de modo a preparar discos de sal translúcidos (3 mm de diâmetro). O disco foi imediatamente mantido no suporte de amostras e os espectros FT-IR foram registados na gama de absorção entre 4000 e 400 cm^{-1} com resolução ambiente de 4 cm^{-1} com varrimentos utilizando o espetrómetro Thermo Nicolet FT-IR Nexus acoplado ao detetor TGS (sulfato de tri-glicina) pela técnica de pastilhas de KBr. O espetro foi registado utilizando a técnica de medição de bancada de Reflectância Total Atenuada (ART).

O interferómetro e a câmara do detetor foram purgados com azoto seco para eliminar as interferências espectrais devidas ao dióxido de carbono atmosférico e ao vapor de água. O espetro de fundo do ar foi registado antes de cada amostra e todas as experiências foram efectuadas em seis triplicados (seis pastilhas de KBr com três varrimentos cada).

Atividade do composto bruto

Teste de bactérias

As quatro bactérias seguintes, *Klebsiella pneumoniae, Escherichia coli* MTCC 2622, *Staphylococcus aureus* MTCC 902 e *Salmonella typhi*, foram adquiridas no IMTECH, Chandigarh, e mantidas em ágar nutriente (NA) e submetidas a subcultura utilizando técnicas laboratoriais assépticas normalizadas, de duas em duas semanas.

Atividade antibacteriana

A atividade antimicrobiana das fracções brutas e purificadas do meio TSB foi medida utilizando ensaios de difusão em ágar contra os organismos de teste *B. subtilis, E. coli, S. aureus* e *P. aeruginosa*. As amostras a testar foram filtradas através de microfiltros de 0,22 pm. O nível de atividade foi medido pelo diâmetro (mm) da zona de inibição. A experiência foi realizada utilizando o método da placa de poços de acordo com Perez et al. (1990). As bactérias testadas foram cultivadas em ágar nutriente e incubadas a **37°C** durante 18 horas e foram suspensas em solução salina (0,85 % NaCl) e ajustadas a uma turvação de 0,5 padrão Macfarland. A suspensão foi utilizada para inocular em placas de ágar Muller Hinton (MHA) com uma zaragatoa de algodão não tóxica estéril. Os poços foram

perfurados (6 mm de diâmetro) e o sobrenadante da cultura (50, 100, 150 ou 200 pl) foi adicionado

para verificar a zona de inibição. Os poços de controlo receberam apenas a acetona e as placas foram

incubadas a 25°C durante 24 h. Após a incubação, as placas foram avaliadas visualmente para

verificar se existiam zonas de inibição claras sem crescimento bacteriano à volta dos poços. Os

diâmetros destas zonas foram então medidos.

Capítulo 3

Resultados

Isolamento e identificação de bactérias simbióticas:

As duas estirpes diferentes de EPNs recuperadas (*5. siamkayai* (KPR-4) e *H. indica* (KPR-8)) foram consideradas para estudos posteriores de isolamento e caraterização bacteriana. As bactérias simbióticas foram isoladas e identificadas a partir da hemolinfa de cadáveres infectados com nemátodos. Para a identificação a nível primário das bactérias simbióticas, foram observadas colónias com base na absorção do corante azul de bromotimol e do trifenil tetrazólio em placas NBTA. Dependendo das pigmentações, os simbiontes produziram colónias azul-esverdeadas, verdes ou acastanhadas (placa 2 b & 2 c). Nas nossas observações, com base nos principais caracteres fenotípicos e na morfologia das colónias, as duas estirpes isoladas pertenciam ao género *Xenorhabdus* (KPR-4) para *Steinernema* spp. e ao *género Photorhabdus* (KPR-8) para *H. indica* (quadro 1).

Tabela 1. Caraterísticas fenotípicas das bactérias simbióticas isoladas

Caraterísticas	*X. stockiae* (KPR-4)	*P. luminescens* (KPR-8)
Cor das colónias em ágar NBTA	Azul	Amarelo esverdeado
Bioluminescência	-	+
Patogenicidade dos insectos	+	+
Crescimento em 28 C°	+	+
Crescimento em 37 C°	w	W
Absorção de azul de bromotimol	+	+
Catalase	-	+

(-) Negativo; (+) Positivo; (w) Semana Positiva

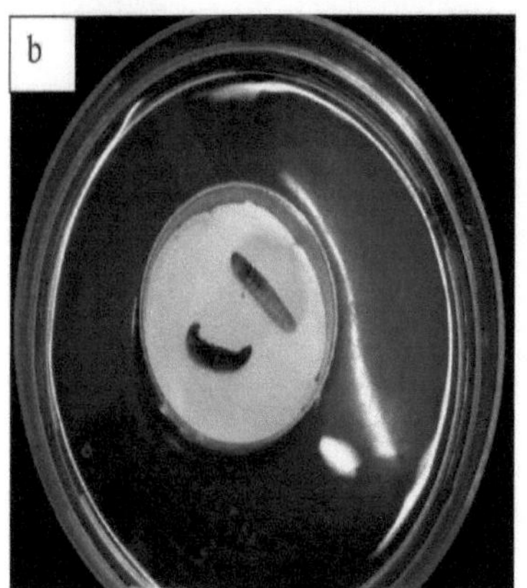

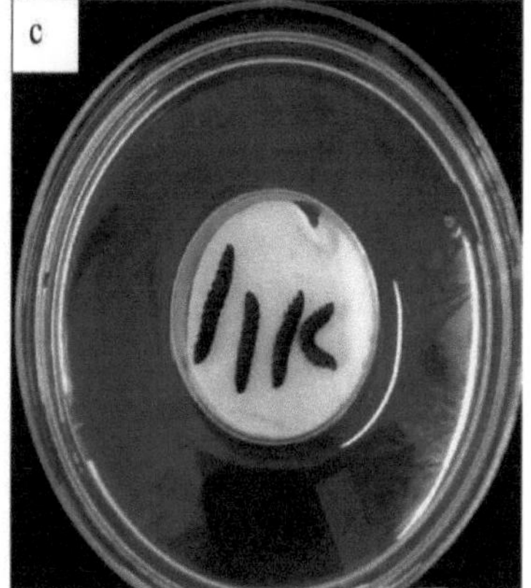

Figura 2. a) Quinto instar de *Galleria mellonella;* b) Larvas *de G. mellonella* infectadas por *S. siamkayai* (mantidas na armadilha de White para o aparecimento de IJs); c) Larvas de G. mellonella infectadas por *H. indica* (mantidas na armadilha de White para o aparecimento de IJs)

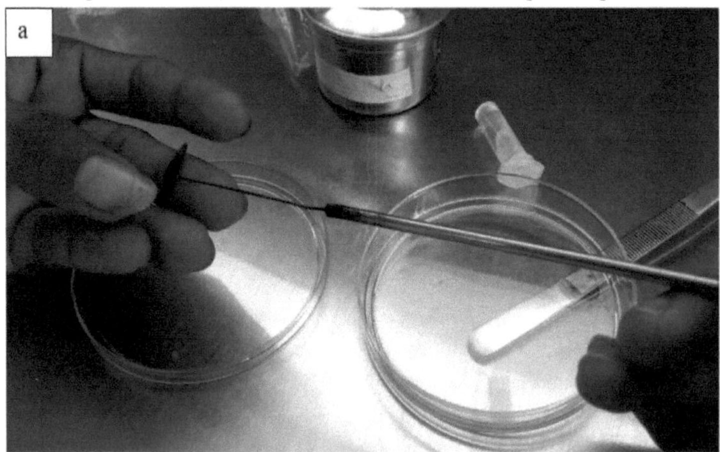

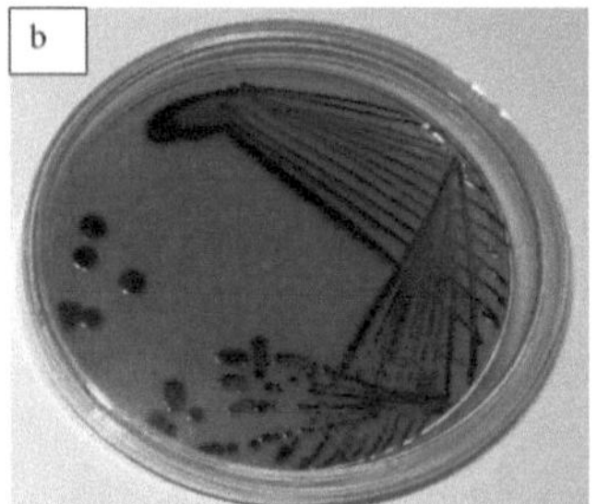
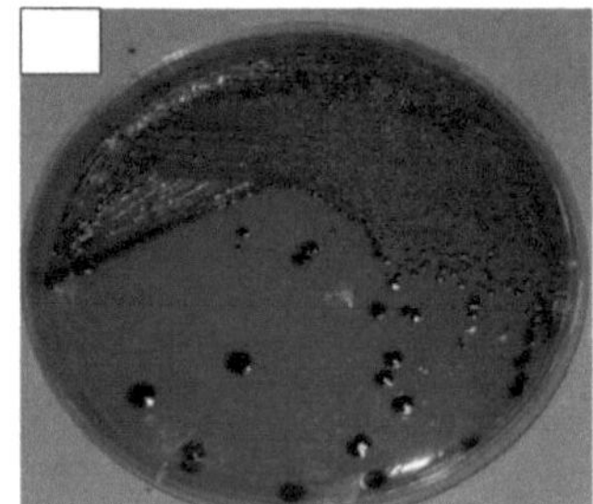

ACTIVIDADE ANTIBACTERIANA

Preparação de filtrado de cultura sem células e sua separação

A suspensão bacteriana foi preparada em caldo TSB durante 15 horas. O filtrado de cultura livre

de células de 72 horas mostrou uma atividade antimicrobiana máxima e o filtrado de cultura livre de

células foi separado em fracções aquosas e orgânicas. As fracções orgânicas foram concentradas e

utilizadas para o ensaio antimicrobiano.

Atividade antibacteriana

Além disso, outras estirpes bacterianas isoladas foram avaliadas quanto à atividade

antimicrobiana contra diferentes estirpes obtidas *Staphylococcus aureus* e *Salmonella typhi*, que são

muito sensíveis aos antibióticos EPB (Webster *et al.* (2002) é utilizado para monitorizar a atividade

durante o isolamento e a identificação de compostos bioactivos EPB utilizando o método da placa de

poços (Figura 4). O extrato bacteriano (50, 100, 150 ou 200 pl) foi adicionado para verificar a zona

de inibição. Todas as concentrações do extrato *de X. stockiae* foram eficazes para *S. aureus* e foi

observada uma zona de inibição. Em 50 pl de concentração, apenas *X. stockiae* produziu uma zona

de inibição (11 mm) contra *S. aureus*. Não foi observada qualquer zona de inibição em 50 pl de

concentração contra qualquer outro organismo de teste. Mas a uma concentração mais elevada de 200

pl, a zona máxima de 24 mm foi observada em *S. typhi* e a mínima de 15 mm foi observada em *K.*

pneumonia. Ambos os extractos de *X. stockiae* e *P. luminescens* não produziram qualquer zona de

inibição em todas as concentrações para *K. pneumonia* e *E. coli* (Quadro 2 & 3). Quando comparado

com *X. stockiae, P. luminescens* mostrou atividade antimicrobiana, na concentração máxima de 150

e 200 pl com a

A zona de inibição máxima (11 e 15 mm, respetivamente) foi observada contra *K. pneumonia S. aureus*, mas não foi observada nenhuma zona de inibição na estirpe *E. coli*. No controlo positivo, a zona de inibição máxima (28 mm) foi observada em *S. typhi* e a mínima foi observada na estirpe *de K. pneumonia* (18 mm).**Tabela 2.** Atividade antibacteriana do KPR 4 ETAC

Concentração (pl)/disco	Zona de inibição (diâmetro em mm)			
	S. aureus	*K. pneumonia*	*E. coli*	*S. typhi*
50	11	0	0	0
100	15	0	0	16
150	20	0	0	20
200	22	0	17	24
Positivo	24	18	20	27

Tabela 3. Atividade antibacteriana de KPR 8 ETAC

Concentração ('pl)/disco	Zona de inibição (diâmetro em mm)			
	S. aureus	*K. pneumonia*	*E. coli*	*S. typhi*
50	0	0	0	0
100	0	0	0	12
150	15	11	0	15
200	18	15	0	18
positivo	25	25	21	28

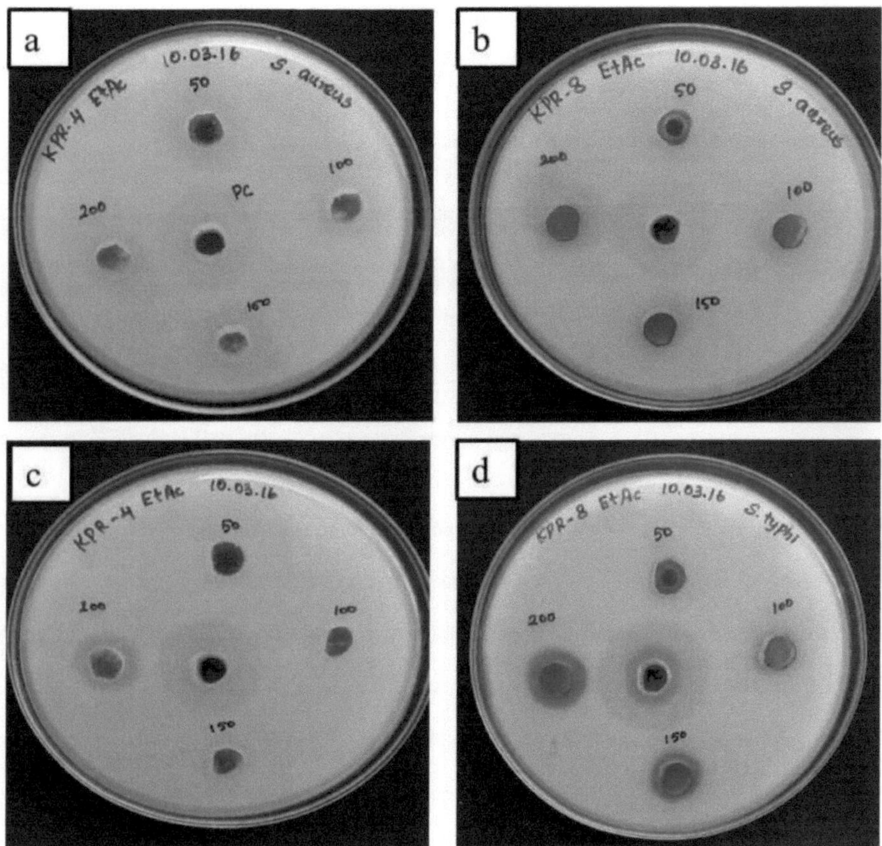

Figura 4. Atividade antibacteriana da fração orgânica; a) KPR 4 ETAC contra *S. aureus;* b) KPR 8 ETAC contra *S. aureus;* c) KPR 4 ETAC contra *S. typhi;* d) KPR 8 ETAC contra *S. typhi*

Cromatografia de camada fina (TLC)

A TLC foi realizada utilizando o extrato de acetato de etilo para analisar o KPR 4 e o KPR 8. A separação de bandas no sistema de solventes hexano/acetato de etilo (a proporção de 9:1) para o KPR 4 e clorofórmio/metanol (a proporção de 6:4) para o KPR 8. A proporção de 9:1 e 6:4 foi a presença de uma separação clara de bandas e observada sob UV e KMnO4 (**Figura 5 a & b**). Os valores Rf das fracções separadas foram calculados. Fracção1. Rf - 3/5,5= 0,5454 cm. Fração 2. Rf -

3,9/5,5=0,7090 cm. Fração 3. Rf-4.5/5.5= 0.8181 cm. Fração 4. Rf - 5/5,5= 0,9090 cm. Fração 5. Rf -

5,3/5,5= 0,9636 cm. Com base nos valores Rf, verificou-se que as fracções são compostos do grupo

fenólico.

Caracterização da KPR 4, da KPR 8 e das suas fracções
Cromatografia líquida de alta eficiência (HPLC)

O objetivo desejado foi alcançado utilizando solventes polares Metanol: Água (50:50) como

fase móvel. O comprimento de onda de 254 nm foi considerado ótimo para a maior sensibilidade.

Atualmente, a análise do extrato bruto revelou 3 picos no KPR 8 e 1 pico no KPR 4. Os valores Rf e

as respectivas áreas (%) cobertas pelos picos individuais estão representados nas Figuras 6 e 7 e nas

Tabelas 4 e 5.

Análise de pureza por HPLC

Os compostos purificados e verificados por TLC foram inicialmente testados quanto à sua

pureza através da análise por HPLC de fase inversa. A coluna C18 foi utilizada como fase estacionária

e a relação éter de petróleo: acetato de etilo (7:3) foi utilizada como fase móvel (Shimadzu LC2010A,

Japão). Uma vez confirmada a pureza por HPLC, as moléculas foram levadas para análise posterior.

Pesou-se 1 mg de compostos, que foram dissolvidos em DMSO e diluídos em metanol para obter

uma concentração de stock de 1 mg/ml. Inicialmente, foram injectadas 20 pl. de amostras na coluna

C18 do HPLC e o

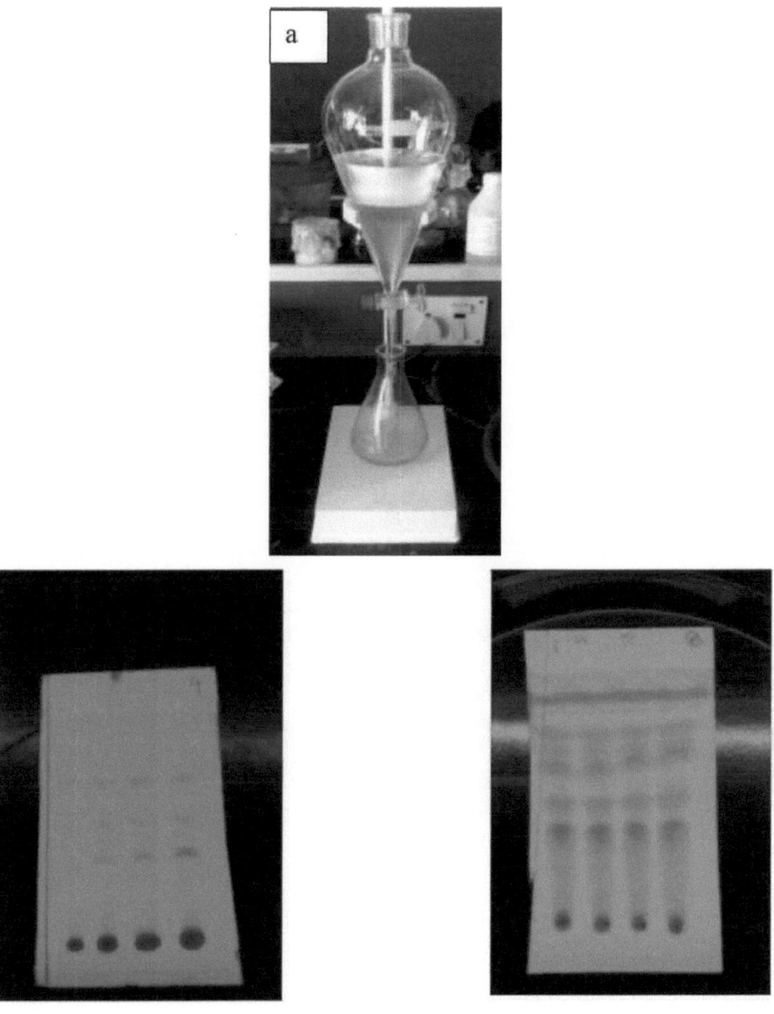

Figura 5. a) Separação do composto bruto utilizando uma ampola de decantação; b) Análise do perfil TLC do KPR 4; c) Análise do perfil TLC do KPR 8

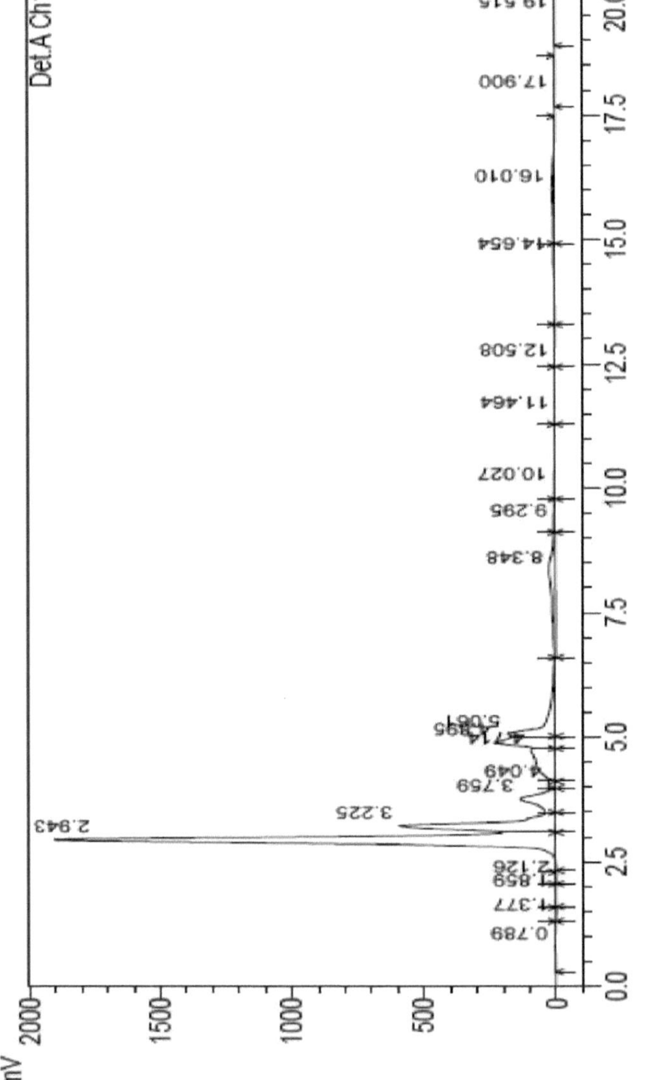

Figura 6. Análise por HPLC do extrato bruto em acetato de etilo de KPR 4

Detetor A **Chi** 254nm

Pico=	Ret Iïпк	Área	Altura	Aiea %	Altura %
1	0.739	60666	4228	0.162	0.131
i	1.377	3180	411	0.008	0.013
3	1.859	10421	772	0.028	0.024
4	1126	1221	153	0.003	0.005
5	2.943	16662719	1905919	44.501	58.928
6	3.225	6220507	597926	16.613	18.487
7	3.759	21210+6	135293	5.665	4183
8	4.049	23896"	28905	0.638	0.894
9	4.714	2710293	94241	7.238	2.914
10	4.895	2534723	224531	6.769	6.942
11	5061	2883309	182890	7.700	5.655
12	8.348	2008099	25588	5.363	0.791
13	9.295	239560	6869	0.640	0.212
14	10.027	329485	5039	0.880	0.156
15	11464	119491	2219	0.319	0.069
16	12.508	59020	1307	0.158	0.040
17	14.654	316827	6351	0.846	0.196
18	16.010	914181	11373	2.441	0.352
19	17.900	1943	65	0.005	0.002
20	19.515	8136	∎ı "ı"	0.022	0.007
Total		37443795	3234308	100.000	100.000

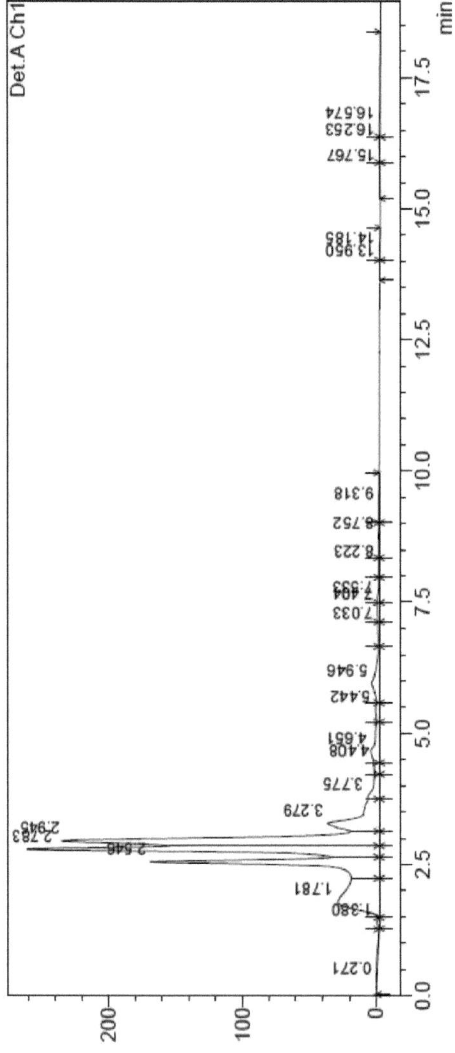

Figura 7. Análise por HPLC do extrato bruto em acetato de etilo de KPR 8

Detetor A Clil 2 Mãe

Turfa	Ret. Tempo	Área	A fenda	Área %	Heisht %
1	0.271	38926	556	0.503	0.071
2	1.380	12206	1806	0.158	0.232
3	1.781	969958	30835	12.528	3.964
4	2.546	1383233	170829	17.866	21.962
5	2.783	1805308	263729	23.317	33.905
6	2.945	2088745	237814	26.978	30.574
7	3.279	685138	38588	8.849	4.961
8	3.775	141020	8453	1.821	1.087
9	4.408	48957	3912	0.632	0.503
10	4.651	173126	6046	2.236	0.777
11	5.442	54359	2795	0.702	0.359
12	5.946	171486	5294	2.215	0.681
13	7.033	26756	1082	0.346	0.139
14	7.404	26790	1319	0.346	0.170
15	7.533	19941	1302	0.258	0.167
16	8.223	6218	298	0.080	0.038
17	8.752	15899	596	0.205	0.077
18	9.318	9864	319	0.127	0.041
19	13.950	2694	186	0.035	0.024
20	14.185	6307	293	0.031	0.038
21	15.767	7308	309	0.094	0.040
22	16.253	15667	773	0.202	0.099
23	16.574	32569	706	0421	0.091

Pico#	Ret. Tempo	Área	Heisht	Área %	Altura %
Tot		77424	7778	100.0	100.0

Os compostos foram detectados por um detetor de UV. Utilizou-se metanol: água (50:50) como fase móvel. A percentagem de pureza foi calculada após a subtração dos picos de contaminação no cromatograma.

Análise por espetrofotómetro de infravermelhos com transformador de Fourier (FT-IR) de KPR 4 e KPR 8

O FT-IR foi utilizado para identificar o grupo funcional dos componentes activos com base no valor do pico da radiação infravermelha. Quando o extrato de acetato de etilo de KPR 4 e KPR 8 é passado para o FTIR, os grupos funcionais dos componentes foram separados com base na razão do pico. Os resultados dos estudos espectroscópicos FTIR revelaram a presença de vários compostos químicos no KPR 4 e no KPR 8 (Figuras 8 e 9). O valor do pico e o seu grupo funcional são apresentados nas tabelas 6 e 7.

O FT-IR prevê a configuração molecular de diferentes grupos funcionais presentes no extrato bacteriano simbiótico. O espetro FTIR do extrato de acetato de etilo da KPR 4 mostrou bandas em 3381,60, 3295,82, 3255,08, 3067,83, 2928,08, 2373,33, 2141,55, 1670,18, 1656,34, 1446,05, 1413,81, 1338,18, 1117,32, 1079,75, 695,67, 664,25 e 544,63. A banda a 3381,60 cm^{-1} pode ser atribuída à vibração de estiramento O-H de grupos carboxílicos. A banda a 3295,82 cm^{-1} corresponde à vibração de estiramento C=H dos grupos alcenos. As bandas a 3255,08 cm^{-1} correspondem à vibração de estiramento C-H dos grupos alquenos. As bandas a 3067,83 cm^{-1} correspondem à vibração de estiramento C=H dos grupos alquenos. As bandas a 2928,08 cm^{-1} correspondem à vibração de estiramento CH dos grupos alquenos. . As bandas a 2373,33 cm^{-1} correspondem à vibração de estiramento P-H de picos diversos. As bandas a 2141,55 cm^{-1} correspondem à vibração de estiramento de isocianetos do pico de diversos. As bandas a 1670,18 cm^{-1} correspondem à vibração de estiramento C=H do grupo dos alcenos. As bandas a 1656,34 cm^{-1} correspondem à vibração de estiramento C-H do grupo dos alcenos. As bandas em

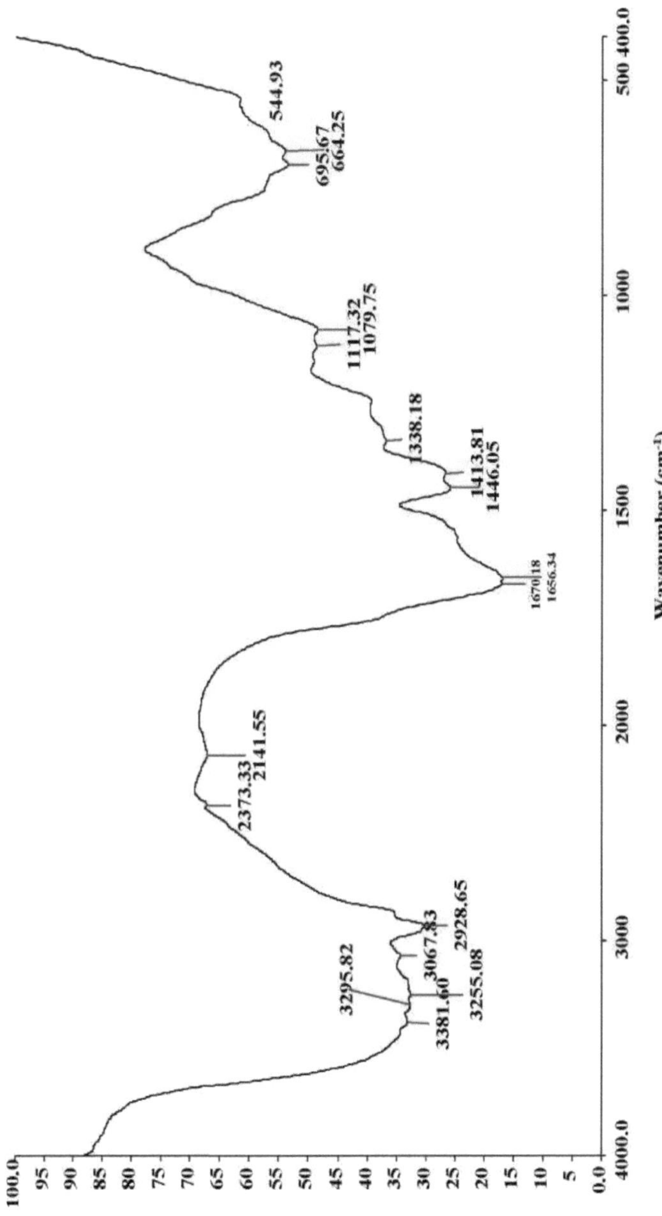

Figura 8: Análise FTIR do extrato bruto de KPR 4

Frequência	Obrigação	Grupo funcional
3381.60	OH Stretch	Ácido carboxílico
3295.82	=Estiramento C-H	Alcenos
3255.08	=Estiramento C-H	Alcenos
3067.83	Estiramento C=H	Alcenos
2928.65	CH Stretch	Alcanos
2373.33	P-H fosfina cortante	Pico diverso
2141.55	Isocianetos	Pico diverso
1670.18	Estiramento C=H	Alcenos
1656.34	=Alongamento C-H	Alcenos
1446.05	S=O éster de sulfato	Pico diverso
1413.81	Ar Estiramento C-C	C-C no anel
1338.18	NH Stretch	Aminas
1117.32	P-H fosfina	Pico diverso
1079.75	NH Stretch	Aminas
695.67	Estiramento C=C	Alcenos
664.25	C=C	Alcinos
544.93	C-H wag (-CH2X)	Halogenetos de alquilo

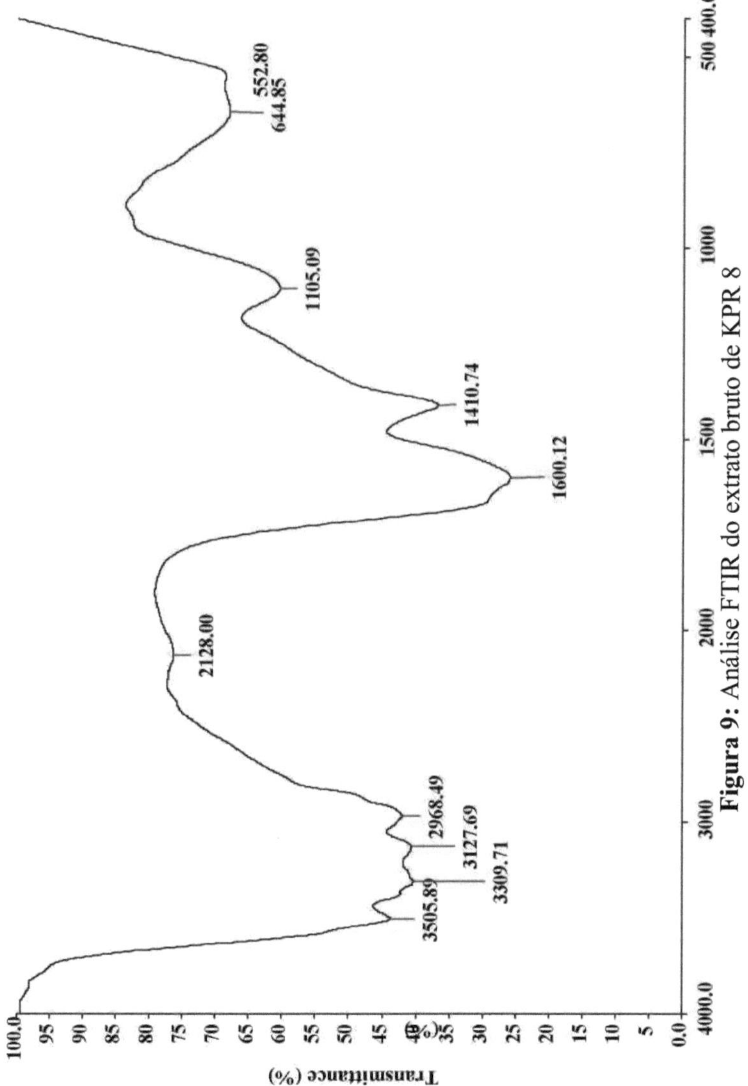

Figura 9: Análise FTIR do extrato bruto de KPR 8

39

Quadro 7: Análise FTIR do extrato bruto de KPR 8

Frequência	Obrigação	Grupo funcional
3505.89	NH Stretch (gratuito)	Amidas
3309.71	Estiramento C=C	Alcinos
3127.69	Estiramento C=C	Alcenos
2968.49	Estiramento C=C	Trans RCH=CHR
2128.00	isocianetos	Pico diverso
1600.12	Alongamento C-O	Ácido carboxílico
1410.74	S=O Éster de sulfato	Pico diverso
1105.09	C-H wag (-CH2X)	Halogenetos de alquilo
644.85	Estiramento C=C	Alcinos
552.80	C-H wag (-CH2X)	Halogenetos de alquilo

1446,05 cm^{-1} correspondem à vibração de estiramento do éster de sulfato S=O do pico Miscelânea. As bandas a 1413,81 cm^{-1} correspondem à vibração de estiramento Ar C-C de C-C no anel. As bandas a 1338,18 cm^{-1} correspondem à vibração de estiramento NH de Aminas. As bandas a 1117,32 cm^{-1} correspondem à vibração de estiramento de fosfina P-H de picos diversos. As bandas a 1079,75 cm^{-1} correspondem à vibração de estiramento NH das Aminas. As bandas a 695,67 cm^{-1} correspondem à vibração de estiramento C=C dos alcenos. As bandas a 664,25 cm^{-1} correspondem à vibração de estiramento C=C dos alcinos. As bandas a 544,63 cm^{-1} correspondem à vibração de estiramento C-H wag (-CH2X) dos halogenetos de alquilo. O espetro FTIR do acetato de etilo do Kpr 8 mostrou bandas a 3505,89, 3309,71, 3127,69, 2968,49, 2128,00, 1600,12, 1410,74, 1105,09, 644,85 e 552,80 cm⁻. A banda a 3505,89 cm^{-1} pode ser atribuída à vibração de estiramento NH (livre) das amidas. Da mesma forma, a banda a 3309,71 e 3127,69 cm^{-1} indica a vibração de estiramento C=C dos grupos alcinos. As bandas a 2968,49 cm^{-1} também representam a vibração de estiramento C=C de Trans RCH=CHR. A banda a 2128,00 cm^{-1} corresponde à vibração de estiramento de isocianetos de picos diversos. As bandas a 1600,12 cm^{-1} estavam a indicar a vibração de estiramento C-O do ácido carboxílico. As bandas a 1410.74cm^{-1} estavam a assinalar a vibração de estiramento S=O de ésteres de sulfato de grupos diversos. A banda a 1105,09 cm^{-1} representa a vibração C-H wag (-CH2X) dos halogenetos de alquilo. As bandas a 644,85 cm^{-1} são de estiramento C=C com vibrações de alcinos. Finalmente, a banda a 552,80 cm^{-1} foi atribuída à vibração de estiramento C-H wag (-CH2X) de grupos de halogenetos de alquilo. Além disso, os picos de FTIR registados indicaram a presença de álcoois, alcinos, aromáticos, ácidos carboxílicos e halogenetos de alquilo.

Discussão

Os insecticidas sintéticos, devido aos seus vários efeitos secundários, foram amplamente substituídos por insecticidas biológicos nos sectores agrícola e hortícola. A maioria dos agentes de biocontrolo necessita de dias ou semanas para matar os insectos/patogéneos, mas os nemátodos - complexo bacteriano - matam os insectos hospedeiros em 24 a 48 horas. Este interesse crescente pelo método de biocontrolo deve-se à falta de instrumentos adequados para controlar os insectos que habitam o solo de forma eficaz e aceitável do ponto de vista ambiental (Klein, 1990) e à possibilidade de produzir nemátodos entomopatogénicos (NEM) monoxenicamente *in vitro*, seguindo-se o aumento de escala para o nível comercial (Ehlers, 2001). Estes EPNs foram dotados de mecanismos específicos para transmitir as bactérias aos seus insectos hospedeiros (Dillman *et al,* 2012) e são considerados excelentes candidatos para a gestão integrada de pragas de insectos do solo (Lacey e Georgis, 2012). Os juvenis infecciosos (IJs) dos nemátodos, a única fase de vida livre, infectam um inseto hospedeiro através de aberturas naturais (boca, ânus e espiráculos) ou, em alguns casos, através da cutícula. Depois de entrarem no hemocelo do hospedeiro, os JI libertam os seus simbiontes bacterianos, que são os principais responsáveis pela morte do hospedeiro no espaço de 24 a 48 horas, através da produção de alguns compostos imunossupressores e tóxicos. As bactérias mutualistas que se multiplicam não só fornecem nutrição aos nemátodos, como também degradam os tecidos do hospedeiro e protegem os cadáveres dos insectos contra invasores secundários (Dowds e Peters, 2002; Shapiro-Ilan *et al.,* 2015). Após a morte do hospedeiro, os nemátodos continuam a alimentar-se dos tecidos do hospedeiro e das bactérias mutualistas, amadurecem e reproduzem-se. Os EPNs podem completar até três gerações dentro do cadáver do hospedeiro, dependendo dos recursos disponíveis, e sair como IJs em 1-2 semanas (Gaugler e Kaya, 1990). O sucesso reprodutivo das relações mutualistas entre EPN e bactérias dependerá da sua patogenicidade e da suscetibilidade do potencial hospedeiro. Dado o elevado custo da produção de EPNs quando comparada com os pesticidas sintéticos, está a ser introduzida principalmente contra pragas do solo em culturas de elevado valor. Na presente investigação, foi efectuada a caraterização das bactérias associadas a EPN e os resultados apoiam o conceito de uma forte especificidade nas interações simbióticas entre EPN e bactérias. Em geral, os EPN actuam como vectores, transmitindo as bactérias simbióticas aos insectos hospedeiros, que causam septicemia poucos dias após a infeção. Os resultados atualmente obtidos reforçam assim a hipótese de uma forte especificidade nas interações simbióticas entre EPN e bactérias. Estas bactérias simbióticas estão estreitamente relacionadas com a família Enterobacteriaceae e partilham muitas propriedades com os seus vizinhos entéricos. A filogenia destes organismos é relativamente definida no sentido em que estão claramente colocados no grupo gama das proteobactérias.

Na área prospectada, cada espécie de nemátodo *(Steinernema* e *Heterorhabditis)* estava associada a um isolado bacteriano distinto pertencente a diferentes espécies ou subespécies *de Xenorhabdus* ou *Photorhabdus.* Assim, em todo o mundo, cada espécie de nemátodo está sempre associada à mesma espécie bacteriana, independentemente do local onde a amostragem é efectuada. Até agora, apenas algumas estirpes das bactérias simbióticas foram estudadas e descritas em pormenor e a sua biologia molecular foi descrita por Forst e Nealson (1996). O presente estudo confirmou que o *S. siamkayai* se associou às espécies bacterianas *X. stockiae* e *H. indica* com a bactéria simbiótica *P. luminescens.*

Tanto *Xenorhabdus* como *Photorhabdus* spp. produzem compostos químicos como antibióticos e desenvolvem grandes inclusões intracelulares compostas por proteínas cristalinas (Zhou *et al.*, 2002). Os simbiontes bacterianos também podem afetar o comportamento do cadáver do inseto (Griffin, 2012; Gulcu *et al.*, 2012). Os metabolitos bacterianos secundários de *Xenorhabdus* e *Photorhabdus* podem servir como repelentes para formigas (Baur *et al*, 1998; Zhou *et al*, 2002), grilos, baratas, colêmbolos, vespas (Gulcu *et al.*, 2012; Ulug *et al.*, 2014) e insectos predadores (Foltan e Puza, 2009; Jones *et al.*, 2015).

Para manter o estado monoxénico, estas bactérias simbióticas sintetizam e segregam antibióticos de largo espetro, bem como bacteriocinas de espetro estreito, inibindo assim o crescimento de outros agentes patogénicos (Akhurst, 1982; Boemare *et al*, 1992). O estado monoxénico conduz a uma septicemia letal do hospedeiro alvo, que é necessária para o desenvolvimento dos nemátodos associados no cadáver (Forst *et al*, 1997). Webster *et al.* (2002) relataram que vários tipos de antibióticos contra bactérias e fungos são sintetizados e secretados durante o crescimento da cultura de simbiontes bacterianos. Nas presentes investigações, a atividade antimicrobiana foi analisada a partir dos isolados recuperados contra vários organismos patogénicos humanos; os resultados mostraram comparativamente uma vasta gama de atividade antimicrobiana em *E. coli, S. aureus, S. typhi* e *K. pneumoniae.* Curiosamente, os extractos bacterianos de *X. stockiae* não foram eficazes para *K. pneumoniae* e não foi produzida qualquer zona de inibição. No entanto, *S. aureus* foi mais suscetível seguido de *S. typhi* na concentração mais baixa. *P. luminescens* não produziu qualquer zona de inibição em nenhuma das concentrações para *E. coli.* Ao passo que *S. typhi* foi muito suscetível na concentração mais baixa, seguido de *S. aureus*, mas na concentração mais alta *K. pneumoniae* foi mais suscetível. *X. stockiae* apresentou uma vasta gama de atividade antimicrobiana, em comparação com *P. luminescens*. Na experiência global, a espécie mais suscetível foi *S. aureus* e *E. coli* foram resistentes a *P. luminescens* e *K. pneumoniae* foi resistente a *X. stockiae*. O presente estudo sugere que estas bactérias simbióticas também têm actividades antimicrobianas contra agentes patogénicos humanos e que é necessário realizar mais trabalhos de histopatologia antes de isolar e comercializar estes compostos contra agentes patogénicos humanos.

A especificidade entre os nemátodos e a bactéria residente resulta da exclusão de competidores bacterianos e de um recrutamento específico do seu simbionte ao deixar o hospedeiro. Os simbiontes produzem bacteriocinas, que são proteínas com atividade antimicrobiana contra estirpes ou espécies de bactérias estreitamente relacionadas. A ocorrência de bacteriocinas é útil para a simbiose, de modo a que o simbionte natural possa competir com bactérias estreitamente relacionadas (Boemare *et al.*, 1997). A xenorhabdicina é uma bacteriocina isolada de *X. nematophila* que tem atividade antibiótica em *Xenorhabdus* spp., *P. luminescens* e *Proteus* sp. (Thaler *et al.*, 1995). A entomopatogenecidade de *Steinernema* e *Heterorhabditis* atualmente registada pode ser atribuída principalmente aos factores tóxicos extracelulares associados às suas bactérias simbióticas *Xenorhabdus* e *Photorhabdus*. Estudos realizados por Jarrett *et al.* (1997) e Bowen *et al.* (1998) demonstraram que, quando cultivadas em meio líquido, as espécies *Photorhabdus* e *Xenorhabdus* segregam toxinas insecticidas altamente virulentas.

No presente estudo, os extractos isolados do simbionte bacteriano *Xenorhabdus (Steinernema)* e *Photorhabdus (Heterorhabditis)* foram submetidos a análises FT-IR para a identificação do grupo funcional e da ligação dos compostos químicos presentes nos extractos. Os resultados da análise FT-IR do extrato bruto de acetato de etilo de *Xenorhabdus* mostraram os valores de pico mais elevados de 2373,33 e 544,93 e *Photorhabdus* mostrou a presença de picos devidos a 2128,00 e 552,80, respetivamente, indicando o grupo funcional de estiramento P-H e isocianetos. Os resultados obtidos mostraram a possibilidade de obter mais compostos novos com potencial antimicrobiano a partir das bactérias simbióticas de nemátodos entomopatogénicos que podem ser utilizados na formulação de bio-inseticidas.

Resumo

Os nemátodos parasitas de insectos das famílias Steinernematidae e Heterorhabditidae têm recebido muita atenção nos últimos 15 a 20 anos devido ao seu potencial como agentes de controlo biológico de uma vasta gama de pragas de insectos, especialmente os que vivem no solo. Por conseguinte, a presente tentativa consistiu em identificar os compostos potenciais e novos que têm mais atividade antimicrobiana.

1. As bactérias simbióticas isoladas das estirpes de EPN foram identificadas como *Xenorhabdus stockiae (Steinernema siamkayai)* e *Photorhabdus luminescens (Heterorhabditis indica)*.

2. Os isolados recuperados foram avaliados quanto à atividade antimicrobiana contra vários organismos patogénicos; os resultados mostraram comparativamente uma vasta gama de atividade antimicrobiana contra E. coli, S. aureus, S. typhi e K. pneumonia. Quando comparada com X. stockiae, a P. luminescens mostrou uma boa atividade antimicrobiana, na concentração máxima contra K. pneumonia e S. aureus.

3. A análise FT-IR do extrato bruto em acetato de etilo de Xenorhabdus mostrou os valores de pico mais elevados de 2373,33 e 544,93 e Photorhabdus mostrou a presença de valores de pico de 2128,00 e 552,80, respetivamente, indicando o grupo funcional de estiramento P-H e isocianetos.

Referências

Akhurst, R. J. (1982). Antibiotic activity of *Xenorhabdus* spp. bacteria symbiotically associated with insect pathogenic nematodes of the families Heterorhabditidae and Steinernematidae.

Microbiologia, 128(12), 3061-3065.

Akhurst, R. J. (1983). Taxonomic study of *Xenorhabdus,* a genus of bacteria symbiotically associated with insect pathogenic nematodes. *International Journal of Systematic and Evolutionary Microbiology, 33*(1), 38-45.

Akhurst, R., Smith, K. & Gaugler, R. (2002). Regulamentação e segurança. *Entomopathogenic nematology,* 311-332.

Anjum, S. A., Xie, X. Y., Wang, L. C., Saleem, M. F., Man, C. & Lei, W. (2011). Respostas morfológicas, fisiológicas e bioquímicas das plantas ao stress da seca. *Jornal Africano de Investigação Agrícola,* 6(9), 2026-2032.

Baur, M. E., Kaya, H. K., Tabashnik, B. E. & Chilcutt, C. F. (1998). Supressão da traça-das-crucíferas (Lepidoptera: Plutellidae) com um nemátodo entomopatogénico (Rhabditida: Steinernematidae) e *Bacillus thuringiensis* Berliner. *Journal of Economic Entomology*, 91(5), 1089-1095.

Bedding, R. A. & Molyneux, A. S. (1982). Penetração da cutícula de insectos por juvenis infecciosos de *Heterorhabditis* spp.(Heterorhabditidae: *Nematoda).Nematologica, 28*(3), 354-359.

Boemare, N. (2002). Interações entre os parceiros dos complexos de nemátodos de bactérias entomopatogénicas, *Steinernema-Xenorhabdus* e *Heterorhabditis- Photorhabdus. Nematologia, 4(5),* 601-603.

Boemare, N. E., Boyer-Giglio, M. H., Thaler, J. O., Akhurst, R. J. & Brehelin, M. (1992). Lysogeny and bacteriocinogeny in *Xenorhabdus nematophilus* and other *Xenorhabdus* spp. *Applied and Environmental Microbiology, 58*(9), 3032-3037.

Boemare, N., Givaudan, A., Brehelin, M. & Laumond, C. (1997). Symbiosis and pathogenicity of nematode-bacterium complexes. *Symbiosis, 22*(1-2), 21-45.

Бб876гшёпу1, E., Ersek, T., Fodor, A., Fodor, A. M., Foldes, L. S., Hevesi, M. & Pekar, S. (2009). Isolamento e atividade de compostos antimicrobianos *de Xenorhabdus* contra os agentes patogénicos *Erwinia amylovora* e *Phytophthora nicotianae. Jornal de microbiologia aplicada, 107*(3), 746-759.

Bowen, D., Rocheleau, T. A., Blackburn, M., Andreev, O., Golubeva, E. & Bhartia, R. (1998). Toxinas insecticidas da bactéria Photorhabdus luminescens. *Science,* 280(5372), 21292132.

Campbell, J. F., Lewis, E. E., Stock, S. P., Nadler, S. & Kaya, H. K. (2003). Evolução das estratégias de procura de hospedeiros em nemátodos entomopatogénicos. *Journal of Nematology, 35*(2), 142.

Chattopadhyay, A., Bhatnagar, N. Б., & Bhatnagar, R. (2004). Toxinas inseticidas bacterianas. *Revisões críticas em microbiologia, 30* (1), 33-54.

Cutler, G. C. & Webster, J. M. (2003). Capacidade de procura de hospedeiros de três isolados de nemátodos entomopatogénicos na presença de raízes de plantas. *Nematology, 5*(4), 601-608.

Dillman, A. R., Chaston, J. M., Adams, B. J., Ciche, T. A., Goodrich-Blair, H., Stock, S. P. & Sternberg, P. W. (2012). Um nemátodo entomopatogénico com qualquer outro nome. *PLoS Pathog,* 8(3), e1002527.

Dowds, B. C. & Peters, A. (2002). 4 Virulence Mechanisms. *Entomopathogenic Nematology, 79.*

Ehlers, R. U. & Shapiro-Han, D. I. (2005). Produção em massa. *Nematóides como agentes de biocontrolo, 65.*

Ehlers, R. U. (1996). Utilização atual e futura de nemátodos no biocontrolo: aspectos práticos e comerciais em relação a questões de política regulamentar. *Biocontrol Science and Technology, d*(3), 303-316.

Ehlers, R. U. (2001). Realizações na investigação da produção em massa de EPN. *Desenvolvimentos na investigação de nemátodos entomopatogénicos/bacterianos, EUR*, 68-77.

Ferreira, T. & Malan, A. P. (2014). Potencial dos nemátodes entomopatogénicos para o controlo do gorgulho da fruta em banda, *Phlyctinus callosus* (Schonherr) (Coleoptera: Curculionidae). *Journal of helminthology, 88*(03), 293-301.

Fodor, A., Mathd-Fodor, A., Varga, I., Hogan, J. A., Racsko, J. & Hevesi, M. (2003). Novos péptidos antimicrobianos de origem *Xenorhabdus* contra agentes patogénicos de plantas multirresistentes. *INTECH Open Access Publisher.*

Foltan, P. & Puza, V. (2009). Para completar o seu ciclo de vida, os complexos nemátodo-bactéria patogénicos impedem os necrófagos de se alimentarem do cadáver do seu hospedeiro. *Behavioural processes,* 80(1), 76-79.

Forst, S. & Nealson, K. (1996). Molecular biology of the symbiotic-pathogenic bacteria *Xenorhabdus* spp. and *Photorhabdus* spp. *Microbiological reviews, 60*(1), 21.

Forst, S., Dowds, B., Boemare, N. & Stackebrandt, E. (1997). *Xenorhabdus* e *Photorhabdus* spp.: insectos que matam insectos. *Annual Reviews in Microbiology ,51*(1), 47-72.

Forst, S. & Clarke, D. (2002). Bacteria-Nematode Symbiosis. *Entomopathogenic nematology, 57.*

Ganguly, S. & Singh, L. K. (2001). Requisitos térmicos óptimos para a infecciosidade e o desenvolvimento de um nemátodo entomopatogénico indígena, *Steinernema thermophilum. Indian Journal of Nematology, 31*(2), 148-152

Ganguly, S. (2006). Estatuto taxonómico recente dos nemátodos entomopatogénicos: uma revisão. *Jornal Internacional de Nematologia, 36,* 158-176.

Ganguly, S., Hussaini, S. S., Rabindra, R. J. & Nagesh, M. (2003). Taxonomia de nemátodos entomopatogénicos e trabalho realizado na Índia. In: *Current status of research on entomopathogenic nematodes in India: Workshop sobre os nemátodos entomopatogénicos na Índia,* Direção de Projectos de Controlo Biológico, Conselho Indiano de Investigação Agrícola. (pp. 69-107).

Gaugler, R. & Kaya, H. K. (1990). Entomopathogenic nematodes in biological control. CRC Press Inc.

Grewal, P. S., Ehlers, R. U. & Shapiro-Ilan, D. I. (Eds.). (2005). *Nematodes como agentes de biocontrolo.* CABI.

Griffin, C. T. (2012). Perspectivas sobre o comportamento dos nemátodes entomopatogénicos desde a dispersão até à reprodução: caraterísticas que contribuem para a aptidão dos nemátodes e a eficácia do biocontrolo. *Journal of Nematology,* 44(2), 177-184.

Griffiths, P. R. & De Haseth, J. A. (2007). *Espectrometria de infravermelhos com transformada de Fourier* (Vol. 171). John Wiley & Sons.

Gulcu, B. & Hazir, S. (2012). Um método de armazenamento alternativo para nemátodos entomopatogénicos. *Jornal Turco de Zoologia,* 36(4), 562-565

Hazir, S., Stock, S. P. & Keskin, N. (2003). A new entomopathogenic nematode, *Steinernema anatoliense* n. sp.(Rhabditida: Steinernematidae), from Turkey. *Systematic Parasitology, 55*(3), 211-220.

Hominick, W. M., Reid, A. P., Bohan, D. A. & Briscoe, B. R. (1996). Entomopathogenic nematodes: biodiversity, geographical distribution and the convention on biological diversity. *Biocontrol Science and Technology, 6*(3), 317-332.

Hu, K., Li, J. & Webster, J. M. (1997). Análise quantitativa de um antibiótico derivado de bactérias em insectos infectados com nemátodos utilizando os métodos HPLC-UV e TLC-UV. *Journal of Chromatography B: Biomedical Sciences and Applications, 703(1),* 177-183.

Hu, K., Li, J., Wang, W., Wu, H., Lin, H. & Webster, J. M. (1998). Comparação dos metabolitos produzidos in vitro e in vivo por *Photorhabdus luminescens,* uma bactéria simbionte do nemátodo entomopatogénico *Heterorhabditis megidis. Canadian Journal of Microbiology,*

44(11), 1072-1077.

Hussain, S. M., Hess, K. L., Gearhart, J. M., Geiss, K. T. & Schlager, J. J. (2005). Toxicidade in vitro de nanopartículas em células hepáticas de rato BRL 3A. *Toxicologia in vitro, 19(7),* 975-983.

Isaacson, P. J. & Webster, J. M. (2002). Antimicrobial activity of *Xenorhabdus* sp. RIO (Enterobacteriaceae), symbiont of the entomopathogenic nematode, *Steinernema riobrave* (Rhabditida: Steinernematidae). *Journal of Invertebrate Pathology, 79*(3), 146153.

Itoh, J., Shomura, T., Omoto, S., Miyado, S., Yuda, Y., Shibata, U. & Inouye, S. (1982). Isolamento, propriedades físico-químicas e actividades biológicas de amicoumacinas produzidas por *Bacillus pumilus. Agricultural and Biological Chemistry, 46(5),* 1255-1259.

Jarrett, P. D., Ellis, D. & Morgan, J. A. W. (1997). Propriedade intelectual mundial. Patent GB, 97, 02284.

Ji, D., Yi, Y., Kang, G. H., Choi, Y. H., Kim, P., Baek, N. I. & Kim, Y. (2004). Identificação de um composto antibacteriano, benzilidenoacetona, de *Xenorhabdus nematophila* contra as principais bactérias fitopatogénicas. *FEMS microbiology letters, 239(2),* 241-248.

Jones, G. A. & Gillett, J. L. (2005). Intercalar com girassóis para atrair insectos benéficos na agricultura biológica. *Florida Entomologist,* 88(1), 91-96.

Kaya, H. K. & Gaugler, R. (1993). Nemátodos entomopatogénicos. *Revisão anual de entomologia, 38*(1), 181-206.

Klein, M. G., Gaugler, R. & Kaya, H. K. (1990). Eficácia contra insectos pragas que habitam o solo. *Entomopathogenic Nematodes in Biological Control*, 195-214.

Kumar, S. N., Siji, J. V., Nambisan, B. & Mohandas, C. (2012). Atividade e interações sinérgicas de estilbenos e combinações de antibióticos contra bactérias in vitro. *Jornal Mundial de Microbiologia e Biotecnologia, 28(11),* 3143-3150.

Lacey, L. A. & Georgis, R. (2012). Nemátodos entomopatogénicos para o controlo de pragas de insectos acima e abaixo do solo com comentários sobre a produção comercial. *Jornal de Nematologia*, 44(2), 218.

Lengyel, K., Lang, E., Fodor, A., Szallas, E., Schumann, P. & Stackebrandt, E. (2005). Descrição de quatro novas espécies de *Xenorhabdus,* família Enterobacteriaceae: *Xenorhabdus budapestensis* sp. nov., *Xenorhabdus ehlersii* sp. nov., *Xenorhabdus innexi* sp. nov., e *Xenorhabdus szentirmaii* sp. nov. *Systematic and applied microbiology, 28*(2), 115-122.

Li, J., Chen, G. & Webster, J. M. (1997). Nematofina, uma nova substância antimicrobiana produzida por *Xenorhabdus nematophilus* (Enterobactereaceae). *Canadian Journal of Microbiology, 43(8)*, 770-773.

Li, J., Hu, K. & Webster, J. M. (1998). Antibióticos de *Xenorhabdus* spp. e *Photorhabdus* spp. (Enterobacteriaceae) (revisão). *Química de Compostos Heterocíclicos, 34*(11), 1331-1339.

Lim, L. P., Lau, N. C., Weinstein, E. G., Abdelhakim, A., Yekta, S., Rhoades, M. W. & Bartel, D. P. (2002). Os microRNAs de *Caenorhabditis elegans. Genes & Development, 17*(8), 991-1008.

Mahar, A. N., Munir, M., Elawad, S., Gowen, S. R. & Hague, N. G. M. (2005). Patogenicidade da bactéria *Xenorhabdus nematophila* isolada do nemátodo entomopatogénico *(Steinernema carpocapsae)* e da sua secreção contra larvas *de Galleria mellonella. J. Zhejiang Univ.-Sci. B, 6*(6), 457-463.

McInerney, B. V., Taylor, W. C., Lacey, M. J., Akhurst, R. J. & Gregson, R. P. (1991). Metabolitos biologicamente activos de *Xenorhabdus* spp., Parte 2. Derivados de benzopirano-1-ona com atividade gastroprotectora. *Journal of Natural Products, 54*(3), 785-795.

Murugan, K. & Vanithakumari, G. (2009). Integração de pesticidas botânicos e microbianos para a gestão sustentável de pragas de insectos. *Neem A Treatise. Singh KK, Suman Phogat, Alka Tomar Dhillon RS (eds),* 299-315.

Ng, K. K. & Webster, J. M. (1997). Atividade antimicótica de metabolitos *de Xenorhabdus bovienii* (Enterobacteriaceae) contra *Phytophthora infestans* em batata plantas. *Canadian Journal of Plant Pathology, 19*(2), 125-132.

Park, D., Ciezki, K., Van Der Hoeven, R., Singh, S., Reimer, D., Bode, H. B. & Forst, S. (2009). Análise genética da produção do antibiótico xenocoumacina na bactéria mutualista *Xenorhabdus nematophila. Molecular Microbiology, 73*(5), 938-949.

Park, Y., Kim, Y. & Stanley, D. (2004). A bactéria *Xenorhabdus nematophila* inibe as fosfolipases A2 de fontes de insectos, procariotas e vertebrados. *Naturwissenschaften, 91(8),* 371-373.

Paul, V. J., Frautschy, S., Fenical, W. & Nealson, K. H. (1981). Isolamento e atribuição da estrutura de vários novos compostos antibacterianos da bactéria simbiótica de insectos *Xenorhabdus* spp. *Journal of Chemical Ecology, 7,* 589-597

Pdrez-Serrano, J., Casado, N. & Rodriguez-Caabeiro, F. (1990). Os efeitos da terapia combinada de albendazol e sulfóxido de albendazol em *Echinococcus granulosus* in vitro. *International*

Journal for Parasitology,.24(2), 219-224

Poinar G. O. (1990). Biologia e taxonomia de Steinernematidae e Heterorhabditidae. *Entomopathogenic Nematodes in Biological Control. CRC Press, Boca Raton, FL,* 2362.

Poinar Jr, G. O. (1979). *Nematodes for Biological control of insects.* CRC Press, Inc.

Poinar, G. O., Lane, R. S. & Thomas, G. M. (1976). Biology and redescription of *Pheromermis pachysoma* (v. Linstow) n. gen., n. comb.(Nematoda: Mermithidae), a parasite of yellowjackets (Hymenoptera: Vespidae). *Nematologica, 22*(3), 360-370a.

Porter, N. & Fox, F. M. (1993). Diversidade de produtos microbianos - descoberta e aplicação. *Pesticide science, 39(2),* 161-168.

Rahman, L., Chan, K. Y. & Heenan, D. P. (2007). Impacto da lavoura, gestão do restolho e rotação de culturas nas populações de nemátodos numa experiência de campo a longo prazo. *Soil and Tillage Research, 95*(1), 110-119.

Rao, V. P. & Manjunath, T. M. (1966). Nemátodo DD-136 que pode matar muitas pragas de insectos. *Indian Farm, 16,* 43-44.

Razia, M. & Sivaramakrishnan, S. (2014). Isolamento e Identificação de Nemátodos Entomopatogénicos de Kodaikanal Hills do Sul da Índia. *Revista Internacional de Microbiologia Atual e Ciência Aplicada, 3*(10), 693-699.

Richardson, W. H., Schmidt, T. M. & Nealson, K. H. (1988). Identificação de um pigmento de antraquinona e de um antibiótico de hidroxiestilbeno de *Xenorhabdus luminescens. Applied and Environmental Microbiology, 54*(6), 1602-1605.

Shapiro-Ilan, D. I., Campbell, J. F., Lewis, E. E., Elkon, J. M. & Kim-Shapiro, D. B. (2009). Movimento direcional de nemátodos steinernematid em resposta à corrente eléctrica. *Journal of Invertebrate Pathology, 100*(2), 134-137.

Shapiro-Ilan, D. I., Cottrell, T. E., Mizell, R. F., Horton, D. L. & Zaid, A. (2015). Supressão de campo da broca da árvore de pêssego, *Synanthedon exitiosa,* usando *Steinernema carpocapsae:* Efeitos da irrigação, um gel pulverizável e método de aplicação. *Controlo Biológico,* 82, 7-12.

Shapiro-Ilan, D. I., Gouge, D. H., Piggott, S. J. & Fife, J. P. (2006). Tecnologia de aplicação e considerações ambientais para a utilização de nemátodos entomopatogénicos no controlo biológico. *Biological Control, 35*(1), 124-133.

Somvanshi, V. S., Ganguly, S. & Paul, A. V. N. (2006). Eficácia no campo do nemátodo entomopatogénico *Steinernema thermophilum* (Rhabditida: Steinernematidae) contra a traça-das-crucíferas *(Plutella xylostella* L.) que infesta a couve. *Biological Control, 37(1)*, 9-15.

Stock, S. P. & Reid, A. P. (2002). Biosistemática de nemátodos entomopatogénicos (Steinernematidae, Heterorhabditidae): situação atual e direcções futuras . In: *Actas do Quarto Congresso Internacional de Nematologia* (pp. 8-13).

Sundar, L., & Chang, F. N. (1992). O papel da guanosina-3', 5'-bis-pirofosfato na mediação da atividade antimicrobiana do antibiótico 3, 5-dihidroxi-4-etil-trans-stilbene. *Antimicrobial Agents and Chemotherapy, 36*(12), 2645-2651.

Thaler, J. O., Baghdiguian, S. & Boemare, N. (1995). Purificação e caraterização da xenorhabdicina, uma bacteriocina do tipo cauda de fago, da estirpe lisogénica F1 de *Xenorhabdus nematophilus. Applied and Environmental Microbiology, 61(5)*, 20492052.

Ulug, D., Hazir, S., Kaya, H. K. & Lewis, E. (2014). Inimigos naturais de inimigos naturais: O potencial impacto top-down dos predadores nas populações de nemátodos entomopatogénicos. *Ecological Entomology,* 39(4), 462-469.

Webster, J. M., Chen, G., Hu, K. & Li, J. (2002). Metabolitos bacterianos In: *Nematologia Entomopatogénica* (Gangler, R.(Ed.)), pp: 99-114.

White, G. F. (1927). Um método para obter larvas de nemátodos infecciosas a partir de culturas. *Associação Americana para o Avanço da Ciência. Science, 66*(1709), 302-303.

Woodring, J. L. & Kaya, H. K. (1988). Steinernematid and heterorhabditid nematodes: a handbook of biology and techniques. *Southern Cooperative Series Bulletin (EUA).*

Xin, X. & Wang, D. (2004). O pré-tratamento com uma exposição ligeira a metais suprime a neurotoxicidade no comportamento de locomoção induzida pela subsequente exposição grave a metais em *Caenorhabditis elegans. Environmental Toxicology and Pharmacology, 28*(3), 459-464.

Yang, X. J., He, Y. X., Lu, X. S. & Chen, Q. H. (2001). Determinação da atividade nematicida de alguns extractos brutos de plantas contra o segundo juvenil de *Meloidogyne* spp. *Fujian Journal of Agricultural Sciences, 1*(005).

Zhou, X., Kaya, H. K., Heungens, K. & Goodrich-Blair, H. (2002). Resposta das formigas a um fator de dissuasão produzido pelas bactérias simbióticas dos nemátodos entomopatogénicos. *Applied and Environmental Microbiology*, 68(12), 6202-6209.

Buy your books fast and straightforward online - at one of world's fastest growing online book stores! Environmentally sound due to Print-on-Demand technologies.

Buy your books online at
www.morebooks.shop

Compre os seus livros mais rápido e diretamente na internet, em uma das livrarias on-line com o maior crescimento no mundo! Produção que protege o meio ambiente através das tecnologias de impressão sob demanda.

Compre os seus livros on-line em
www.morebooks.shop

Printed by Books on Demand GmbH, Norderstedt / Germany